Der Tierführer

Säugetiere, Insekten, Vögel und andere heimische Tiere

Der Tierführer

Anke Fischer

Säugetiere, Insekten, Vögel und andere heimische Tiere

NEUER KAISER VERLAG

Hinweis

Die Angaben zu den in diesem Buch vorgestellten Tieren erfolgen nach bestem Wissen und Kenntnisstand. Eine Garantie für die Richtigkeit der Angaben können Autorin und Verlag nicht geben. Eine Haftung für Schäden und Unfälle wird aus keinem Rechtsgrund übernommen.

Genehmigte Lizenzausgabe
NEUER KAISER VERLAG GmbH
Industriestraße 19
64407 Fränkisch-Crumbach 2018
www.neuer-kaiser-verlag.de

ISBN 978-3-8468-1030-9

Layout, Satz und Umschlaggestaltung:
design cat GmbH

Bildnachweis

picture alliance: Arco Images GmbH 37; blickwinkel 30; Hippocampus Bildarchiv 14; WILDLIFE 11

Shutterstock: A.S.Floro 66/aaltair 45/Aleksey Stemmer 41/AlekseyKarpenko 114/AlessandroZocc 38/Aliaksandr Radzko 5, 69–72/alslutsky 25/Andrea Izzotti 76/AndreAnita 77/Andrej Chudy 112/Andrey Pavlov 49/Arno van Dulmen 19/Arto Hakola 32/bearacreative 105/Ben Queenborough 94/Betty Shelton 133/Bildagentur Zoonar GmbH 104/Bipsun 5, 73–114/Bruce MacQueen22/ChinKC 48/Chris Hill 88/Chris Hill 95/chris2766 74, 78/Christian Musat 128/Circumnavigation 23/colin robert varndell 134/corlaffra 46, 121/Czesznak Zsolt 118/davemhuntphotography 68, 81/David Peter Ryan 6, 31/Digoarpi 28/dirkr 109/Doloves 5, 62–68/Drakuliren 15/duangnapa_b 97/Elaine Taylor 136/Fidel 100/Ger Bosma Photos 57/Geza Farkas 50/Goran J 5, 23–61/Gucio_55 56/Henrik Larsson 42/Ian Grainger 47/Ian Maton 83/IanRedding 17/iliuta goean 26/Jaco Visser 24/Jacques VANNI 21, 52/Jausa 7, 107, 113, 123/JL-Pfeifer 10/John Navajo 82/Joop Zandbergen 103/Klaus Reitmeier 33/Kletr 39, 70/KOO 85, 110/Kovtun Petro 51/Kuttelvaserova Stuchelova 75/LFRabanedo 20/lobster20 13/Luna Vandoorne 67/Maciej Olszewski 35, 55/Marek R. Swadzba 6, 62, 63, 65/Mark Caunt 131/Mark Eastment 141/MarkMirror 54, 58, 61/Martin Fowler 29, 139/Martin Mecnarowski 98/Martin Prochazkacz 140/MattiaATH 120/Menno Schaefer Cover, 87, 91/Meoita 34/MG photos 132/Michael Woodruff_shutterstock_7866385 102/Miroslav Hlavko 7, 79, 124, 125, 135/MMCez 53/Nadezda Razvodovska 89/NaturesMomentsuk 122/Neil Burton 80, 126, 142/neil hardwick 64/nuwatphoto 44/Ondrej Prosicky 2/Opalev Vyacheslav 99/Orchid24 18/Paul Tessier 6, 16/Pavel Krasensky 36/Peter Krejzl 96/PeterVrabel 40/Piotr Krzeslak 73/Prokaev Vladimir 111/Rob Christiaans 101/Robert Mertl 72/Roman Teteruk 59/romm 7/romm 71/Rudmer Zwerver 69, 106, 116, 119/schaef71 86/scooperdigital 127/Sergey Toronto 12/Sign N Symbol Production 5, 10–22/Sokolov Alexey 130/Stanislav Duben 5, 138/Starover Sibiriak 27/Stephan Morris 137/Stubblefield Photography 129/SW_Stock 93/tchara 115, 117/Tobyphotos 90, 108/Triff 43/Visayas 92/wiwsphotos 60/Wolfgang Kruck 84/

Inhalt

Einleitung

Dieses Buch stellt 133 der bekanntesten Tierarten Mitteleuropas vor.

Es beginnt mit den **Wirbellosen** *(Invertebrata)* und beschreibt Schnecken, Würmer und Gliederfüßer sowie Asseln und Spinnen. Ihnen allen gemein ist, dass sie vielzellige Tiere sind und keine Wirbelsäule besitzen.

Ihnen folgen die **Insekten** *(Insecta)*, die auch Kerbtiere oder Kerfe genannt werden. Sie bilden die artenreichste Tierklasse auf der Erde. Alle Insekten besitzen einen deutlich in Kopf, Brust und Hinterleib gegliederten Körper, einen Chitinpanzer und genau drei Beinpaare. Zu ihnen gehören die Libellen, Grillen, Schaben, Käfer, Schmetterlinge und Hautflügler.

Hinweis Die unter „Lebensdauer" angegebene durchschnittliche Lebenserwartung kann stark differieren, je nachdem ob das Tier in der Natur oder in Gefangenschaft lebt. Bei Insekten bezieht sich die Angabe auf das voll entwickelte Tier (Imago).

Anschließend werden die **Amphibien** *(Amphibia)* oder Lurche beschrieben, die Land und Wasser besiedeln, sich aber nur in Gewässern fortpflanzen können. Amphibien legen in der Regel ein Ei im Wasser ab, aus dem eine kiemenatmende Larve schlüpft, die sich über mehrere Entwicklungsschritte (Metamorphose) in ein lungenatmendes Tier verwandelt. Zu ihnen gehören die heimischen Schwanz- und Froschlurche, die Salamander, Frösche und Kröten.

Die Rote Liste gefährdeter Arten wird national und international erstellt und listet Lebewesen auf, die unterschiedlichen Gefährdungskategorien unterliegen: „vom Aussterben bedroht“, „stark gefährdet“ und „gefährdet“.

Zu den **Reptilien** *(Reptilia)* oder Kriechtieren zählen Landwirbeltiere mit einem ähnlichen Erscheinungsbild, die am Übergang von den „niederen“ zu den „höheren“ Wirbeltieren stehen. Sie besitzen eine trockene, schleimlose, aus Hornschuppen bestehende Haut ohne Federn oder Haare. Von den heimischen Schuppenkriechtieren werden ausgewählte Echsen und Schlangen beschrieben.

Die große Klasse der **Vögel** *(Aves)* vereint Tiere mit folgenden Merkmalen: Sie besitzen keine Stimmbänder, sondern ein besonderes Organ zur Stimmbildung. Von den zwei Paar Extremitäten ist ein Paar in Flügel umgewandelt. Federn bedecken den Körper; in ihrem Schnabel sitzen keine echten Zähne.

Die **Säugetiere** *(Mammalia)* unterscheiden sich von den anderen Wirbeltieren vor allem durch die Milchdrüsen der Weibchen, mit deren Sekret sie ihre Nachkommen füttern. Säugetiere sind in der Regel lebendgebärend, besitzen echte Haare sowie eine gleichwarme Körpertemperatur. Dieses letzte Kapitel enthält eine Auswahl der bekanntesten mitteleuropäischen Insektenfresser, Nagetiere, Hasenartigen, Raubtiere und Paarhufer.

Fachbegriffe aus diesem Buch

Brutehe
Gemeinschaft eines Vogelpaares während der Zeit der Brut, kann monogam sein, einmalig oder über mehrere Jahre anhalten, auch bis ans Lebensende. Ein Tier wählt sich jedes Jahr zur Brutzeit den gleichen Partner. Während der anderen Monate lebt jeder mit anderen in Gemeinschaft.

Flügge
Jungvögel sind dann flügge, wenn ihre Schwungfedern soweit ausgebildet sind, dass sie erste Flugbewegungen unternehmen und flugfähig werden.

Imago
Bezeichnung in der Zoologie für das geschlechtsreife Insekt nach der Verpuppung oder letzten Häutung = Vollinsekt.

Larve
Bezeichnung in der Zoologie für ein Entwicklungsstadium während der Metamorphose. Zwischenform in der Entwicklung vom Ei zum Vollinsekt. Larven der Schmetterlinge sind Raupen, Larven der Zweiflügler sind Maden.

Maden
Beinlose Larve vor allem der Zweiflügler *(Diptera)* wie z. B. Fliegen, aber auch die der Ameisen oder Bienen (Hautflügler = *Hymenoptera*).

Metamorphose
Metamorphose bedeutet nach dem griechischen Ursprung so viel wie „Umwandlung". In der Zoologie bezeichnet die Metamorphose die Entwicklungsstadien eines Tieres, um zur Geschlechtsreife zu gelangen. Bei den Insekten findet der Gestaltwandel vom Ei über die Larve zur Puppe bis zur Imago statt.

Nymphe
In der Zoologie werden damit sich entwickelnde Jungtiere von Gliederfüßern *(Arthropoda)* bezeichnet, die dem erwachsenen Stadium sehr ähnlich sehen, sich aber in Flügelentwicklung und Geschlechtsreife noch unterscheiden.

Prachtkleid
Im Gegensatz zum Schlichtkleid zeichnet sich das Prachtkleid bei Vögeln zur Brutzeit durch ausgefallene Musterung aus. Nach der Brutzeit erfolgt die Brutmauser in ein Schlichtkleid, das dem Gefieder des Weibchens

ähnelt (männliche Enten). Auch kann das Prachtkleid im Sommer und das Schlichtkleid im Winter getragen werden (Rebhuhn). Nicht immer wird das Prachtkleid durch Mauser erzeugt, sondern kann auch durch Abrieb entstehen, wobei eine prächtigere Federbasis sichtbar wird (Haussperling, Star).

Puppe
In der Zoologie bezeichnet das Puppenstadium ein Entwicklungsstadium des Schmetterlings. Die Insektenlarve (Raupe) befindet sich in einer Hülle in Ruhestellung und entwickelt sich dort zum Vollinsekt (Imago).

Raupe
Entwicklungsstadium der Schmetterlinge und anderer Insekten (Larve). Fressstadium während der Metamorphose. Aus dem Ei entwickelt sich die Raupe, die sich verpuppt und zum Vollinsekt ausbildet.

Schlichtkleid
siehe „Prachtkleid“

Standvogel
Vogelart, die ganzjährig an seinem Standort bleibt.

Symbiose
In der Zoologie wird damit das Zusammenleben zweier Lebewesen verschiedener Art zu beiderseitigem Vorteil bezeichnet.

Teilzieher
Vögel, bei denen nur ein Teil der Population in andere Gebiete zieht, ein Teil bleibt im Brutgebiet.

Vollinsekt
Geschlechtsreifes Insekt (Imago)

Wurf
Bei Säugetieren bezeichnet der Wurf die nach einer Tragzeit geborenen Jungen. Die Wurfgröße, also die Anzahl der Nachkommen, ist arttypisch und von Umwelteinflüssen abhängig.

Zugvogel
Vögel, die im Winter und außerhalb der Brutzeit in (meist wärmere) Gebiete ziehen und zur Brut an den Standort zurückkehren.

Zwitter
Lebewesen mit männlichen und weiblichen Geschlechtsorganen. In der Zoologie können sich zwittrige Tierarten gegenseitig befruchten und mit jedem Individuum der gleichen Art paaren. Einige zwittrige Tierarten können sich auch selbst befruchten.

Rote Wegschnecke

Arion rufus

Beschreibung

Merkmale ■ Familie der Wegschnecken *(Arionidae)*, Körper ziegelrot oder schwarz, 10–16 cm lang, 2 cm breit
Vorkommen ■ Wiesen, Moore, Hecken, Wälder und Gärten
Nahrung ■ Pflanzen, Pilze, Aas
Fortpflanzung ■ Befruchten sich als Zwitter gegenseitig, Eier werden in Erdhöhlen gelegt, aus denen nach wenigen Wochen die Jungschnecken schlüpfen.
Lebensdauer ■ bis zu 3 Jahre

Diese große Nacktschnecke hält sich an feuchten Stellen auf, ist vor allem nach Regen oder nachts aktiv und bewegt sich auf einem Schleimfilm, den die Fußsohle ausscheidet. Ihr Körper ist ziegelrot oder schwarz gefärbt und von länglichen Runzeln bedeckt. Das Atemloch sitzt im vorderen glatten Mantelschild. Bei Berührung zieht das Tier die Fühler ein, an deren Spitze die Augen sitzen. Als Zwitter befruchten sich die Wegschnecken gegenseitig und legen dann jeweils bis zu 400 Eier. Die Rote Wegschnecke wird zunehmend von der eingeschleppten *Spanischen Wegschnecke* verdrängt.

Genetzte Ackerschnecke *Deroceras reticulatum*

Diese häufig vorkommende Nacktschnecke, ein Hauptschädling im Gemüsebau, ist hellbraun bis cremefarben und netzartig gefleckt. Sie besitzt eine helle Sohle. Als Zwitter befruchten sich zwei Tiere gegenseitig und legen bis zu 300 Eier unter Steine, Bretter oder in der feuchten Erde ab. Nach wenigen Wochen schlüpfen die jungen Schnecken und sind nach 2 Monaten geschlechtsreif. Die gehäuselose Schnecke bewegt sich auf einem kalkweißen Schleim vorwärts und kann deutliche Kulturschäden in Gärten und Gewächshäusern verursachen.

Beschreibung

Merkmale ■ Familie der Ackerschnecken *(Agriolimacidae)*, Körper hellbraun mit Netzmuster, 4–6 cm lang, 1 cm breit

Vorkommen ■ Wiesen, Hecken, Wälder und Gärten

Nahrung ■ Pflanzen, Algen, Aas, Kot, Pilze

Fortpflanzung ■ Befruchten sich als Zwitter gegenseitig, Eier werden paketweise abgesetzt, aus denen nach wenigen Wochen die Jungschnecken schlüpfen.

Lebensdauer ■ ca. 1 Jahr

Weinbergschnecke

Helix pomatia

Beschreibung

Merkmale ■ Familie der Schnirkelschnecken *(Helicidae)*, heller Körper, 10 cm lang, Gehäuse mit max. 5 Windungen, 5 cm breit
Vorkommen ■ lichte Wälder, Gebüsche, Wiesen, Weinberge, Gärten
Fortpflanzung ■ Befruchten sich als Zwitter gegenseitig, Eier werden paketweise abgesetzt, aus denen nach wenigen Wochen die Jungschnecken schlüpfen.
Lebensdauer ■ bis zu 8 Jahre

Diese Landschnecke, die auch *„Schwäbische Auster"* genannt wird, kann ihr Gehäuse durch ein erstarrendes Schleimhäutchen verschließen, im Winter sogar durch einen Kalkdeckel. Ihr Körper gliedert sich in Kopf, Fuß und Eingeweidesack und ist meist hellgelb bis hellbraun gefärbt mit Riefen. Sie liebt wärmere, kalkreiche Böden und kriecht über selbstproduzierten Schleim. Bei Gefahr zieht sie sich in ihr Haus zurück. An den Enden der langen dünnen Fühler, mit denen sie auch riechen kann, sitzen die Augen. In Deutschland steht die Weinbergschnecke unter Naturschutz.

Gemeiner Regenwurm

Lumbricus terrestris

Der Gemeine Regenwurm wird auch *Tauwurm* oder *Aalwurm* genannt. Sein langer Körper ist an der Spitze rötlich braun und wird nach hinten blasser. Er gräbt bis zu zwei Meter tiefe Gänge und zerwühlt dabei den Boden, der dadurch gut durchlüftet wird, weshalb der Regenwurm im Garten gern gesehen ist. Zu seinen Fressfeinden gehören Spitzmaus, Erdkröte, Frosch, Maulwurf, Amsel und Drossel. Er besitzt im Vergleich mit anderen Lebewesen recht wenige Nervenzellen, nur etwa 300.

Beschreibung

Merkmale ■ Familie der Regenwürmer *(Lumbricidae)*, drehrunder Körper, 12–30 cm lang mit 110–180 Segmenten

Vorkommen ■ Wiesen und Gärten, feuchte Erde

Nahrung ■ abgestorbene Pflanzenteile, trockenes Laub, Erde

Fortpflanzung ■ Befruchten sich als Zwitter gegenseitig und legen Eier ab, Jungtiere entwickeln sich in Kokons.

Lebensdauer ■ bis zu 2 Jahre

Hundeegel

Erpobdella octoculata

Beschreibung

Merkmale ■ Familie der Rollegel *(Erpobdellidae)*, Körper 30–70 mm lang, in 33 Segmente unterteilt
Vorkommen ■ Teiche, Seen, Bäche
Nahrung ■ Insektenlarven, Würmer
Fortpflanzung ■ Befruchten sich als Zwitter gegenseitig und legen zitronenförmige Eier ab, Jungtiere entwickeln sich in Kokons.

Der Hundeegel, auch *Rollegel* genannt, lebt im Süßwasser Mitteleuropas und kommt vor allem in Bächen und Teichen vor. Hier bildet er dichte Populationen. Er besitzt zwei Saugnäpfe, vorne und hinten, wobei der hintere stärker ausgeprägt ist. An der Kopfoberseite sitzen acht Augen in Querreihen. Sein Körper ist in Segmente gegliedert, etwas abgeflacht und rotbraun bis grünlich gefärbt. Er ernährt sich räuberisch und bevorzugt Mückenlarven und Röhrenwürmer, die er als Ganzes mit seinem muskulösen Schlund einsaugt. Er frisst aber auch die abgelegten Kokons seiner Artgenossen bzw. saugt sie aus.

Flusskrebs

Astacus astacus

Der Europäische Flusskrebs wird auch *Edelkrebs* genannt und ist der größte heimische Krebs. Er ist rötlichbraun und besitzt 5 Laufbeinpaare. An den Vorderbeinen sitzen zwei Scheren, die der Krebs nutzt, um seine Beute festzuhalten oder um sich zu verteidigen. Am Kopf befinden sich zwei Fühlerpaare, ein langes und ein kurzes. Typisch für den Edelkrebs sind die roten Scherenunterseiten. Er ist nachtaktiv und lebt tagsüber in selbstgebauten Höhlen. Der Edelkrebs gilt als „vom Aussterben bedroht".

Beschreibung

Merkmale ■ Familie der Edelkrebse *(Astacidae)*, Körper rötlich, bis zu 20 cm lang und 350 g schwer, besitzt zwei Scheren und 5 Laufbeinpaare

Vorkommen ■ langsam fließende Gewässer

Nahrung ■ Schnecken, Muscheln, Würmer und Wasserpflanzen

Fortpflanzung ■ Paart sich im Herbst, Weibchen trägt 70–250 Eier an den Hinterbeinen, aus denen im Mai Larven schlüpfen.

Lebensdauer ■ bis zu 20 Jahre

Gemeiner Einsiedlerkrebs *Pagurus bernhardus*

Beschreibung

Merkmale ■ Familie der Rechtshändigen Einsiedlerkrebse *(Paguridae)*, Körper rötlichbraun, 10 cm lang ohne Gehäuse. Auf dem Schneckenpanzer sitzen Polypen, die mit dem Krebs in Symbiose leben.
Vorkommen ■ sandiger Schlick oder Steinboden im Meer
Nahrung ■ Allesfresser, Kleingetier, Wasserpflanzen, Aas
Fortpflanzung ■ Weibchen trägt die gebündelten Eier am Hinterleib, bis die Larven schlüpfen. Larven suchen sich neue Schneckenhäuser.

Der Gemeine Einsiedlerkrebs besitzt keinen eigenen Panzer und sucht sich deshalb ein Schneckenhaus, mit dem er seinen verletzlichen Hinterleib schützt und das er mit sich trägt. An seinen hinteren Beinpaaren sitzen Haftborstenfelder, mit denen er sich im Schneckenhaus festhält. An den vorderen Beinpaaren sitzen Scheren. Mit der rechten, größeren Schere verschließt er das Schneckenhaus, wenn er sich zurückzieht. Mit der linken kleineren greift er sich Nahrung aus dem Wasser und führt sie zur Mundöffnung. Der Einsiedlerkrebs ist schmerzempfindlich und hat ein Schmerzgedächtnis.

Kellerassel

Porcellio scaber

Das zu den Landasseln gehörende Krebstier ist gelb- bis schiefergrau gefärbt, hat einen regelmäßig segmentierten, stark abgeflachten Körper. Es atmet über ein Tracheensystem mit Ausgängen unterhalb der Hinterfüße und besitzt neben dem Landatmungssystem auch Kiemen. Asseln fallen bei Gefahr in eine Schreckstarre und stellen sich tot, wobei sie sich zu einer Kugel zusammenrollen. Sie häuten sich mehrfach, allein 14-mal, um die Geschlechtsreife zu erlangen. Da sie abgestorbene organische Substanz verwerten, gehören sie zu den *Destruenten* (Entsorger).

Beschreibung

Merkmale ■ Familie der Kellerasseln *(Porcellionidae)*, Körper schiefergrau, 18 mm lang
Vorkommen ■ Keller, Gärten, Komposthaufen, an Totholz und unter Steinen
Nahrung ■ Laub und abgestorbene Pflanzenreste
Fortpflanzung ■ Nach der Paarung häuten sich die Weibchen und bilden einen Brustbeutel aus, in den die Eier gelegt werden.
Lebensdauer ■ ca. 2 Jahre

Tausendfüßer

Unterstamm Myriapoda

Beschreibung

Merkmale ■ Stamm der Gliederfüßer *(Arthropoda)*, Körper dunkel, bis 70 mm lang, zwei- bis dreistellige Anzahl von Beinen
Vorkommen ■ obere Bodenschichten und Totholz
Nahrung ■ Insektenlarven, Würmer
Fortpflanzung ■ Tausendfüßer können mehrere Entwicklungswege beschreiten.
Lebensdauer ■ je nach Art weniger als 1 Jahr bis zu 8 Jahre

Zum Unterstamm der Tausendfüßer gehören mehr als zehntausend Arten, die durch eine einheitliche Gliederung der Körpersegmente und Hunderte Beinpaare gekennzeichnet sind. Die Körper sind oftmals schwarzbraun und drehrund. Am Kopf sitzen zwei kleine Antennen zum Abtasten des Bodens, zwei Augenfelder an der Außenseite sowie Sinneshaare. Am Kopf befinden sich auch die Mundwerkzeuge, die Geschlechtsöffnung liegt hinter dem 2. Laufbein, dahinter die Tracheenöffnung.

Gartenkreuzspinne

Araneus diadematus

Die in Europa häufigste Vertreterin der Kreuzspinnen trägt ein helles Kreuz auf dem gefleckten Rücken. Sie baut ein Radnetz, in dem sich Insekten aller Art verfangen. Ihre Beute lähmt sie durch einen Biss, spinnt sie ein, saugt sie später aus und legt sich auch Vorräte an. Das Männchen spinnt zur Paarungszeit einen Bewerbungsfaden ins Netz der Spinne ein und zupft daran. Ist das Weibchen willig, lässt es sich begatten. Häufig frisst es danach das Männchen. Nach der Eiablage im Herbst stirbt das Weibchen. Ihr Biss ist für Menschen normalerweise ungefährlich, kann aber Symptome hervorrufen.

Beschreibung

Merkmale ■ Familie der Echten Radnetzspinnen *(Araneidae)*, Körper beim Weibchen bis 18 mm, beim Männchen bis 10 mm lang
Vorkommen ■ Wälder, Wiesen, Gärten
Nahrung ■ Insekten
Fortpflanzung ■ Nach der Begattung legt das Weibchen im Herbst die Eier in gelblichen Kokons ab. Junge schlüpfen im Frühjahr.
Lebensdauer ■ ca. 2 Jahre

Zebraspinne

Argiope bruennichi

Beschreibung

Merkmale ■ Familie der Echten Radnetzspinnen *(Araneidae)*, Körper beim Weibchen bis 25 mm, beim Männchen nur 6 mm lang
Vorkommen ■ sonniges Ödland, Wiesen
Nahrung ■ Insekten
Fortpflanzung ■ Ab Ende August legen Weibchen die Eier in kugelförmige Kokons.
Lebensdauer ■ ca. 1 Jahr

Die Zebra- oder *Wespenspinne* ist recht groß und auffällig. In den letzten 50 Jahren breitete sie sich von Südeuropa über den ganzen Kontinent aus. Das Weibchen trägt eine wespenartige Zeichnung, die kleineren Männchen sind hellbraun. Beide bauen Radnetze mit typischem Zickzackband. Hierin verfangen sich Insekten, die mit Gift von der im Zentrum lauernden Spinne getötet, eingesponnen, verflüssigt und schließlich ausgesaugt werden. Zur Paarungszeit rüttelt das Männchen am Netz des Weibchens und bringt sich nach der Paarung rasch in Sicherheit, um nicht gefressen zu werden.

Rostrote Winkelspinne

Tegenaria ferruginea

Die Rostrote Winkel- oder *Hausspinne* hat einen dunklen Körper mit heller, gezackter Zeichnung am Hinterleib. Die Beine sind beborstet sowie gelblich und dunkel geringelt. Sie baut horizontale Netze mit trichterförmigen Wohngespinsten unter die Decke, in denen sie lauert. Vom Netz gehen klebrige Stolperfäden aus. Werden diese erschüttert, schnellt die Spinne aus ihrem Versteck und fängt die Beute. Sie lebt in Häusern und Kellern, aber auch unter Steinen und Borke. Sie beißt äußerst selten. Ihr Biss ist weder schmerzhaft noch gefährlich.

Beschreibung

Merkmale ■ Familie der Trichterspinnen *(Agelenidae)*, Körper 9–14 mm lang, Beinspannweite bis 60 mm

Vorkommen ■ Ecken und Winkel in Häusern, Schuppen, Ställen, Kellern

Nahrung ■ Insekten

Fortpflanzung ■ Ihre Eier legt sie nach der Paarung in spezielle Netze ab.

Wirbellose

Gliederfüßer

Weberknecht *Phalangium opilio*

Beschreibung

Merkmale ■ Familie der Schneider *(Phalangiidae)*, Körper 5–9 mm lang, Beinspannweite mehrfach länger als der Körper
Vorkommen ■ Wiesen, Trockenrasen, Bodenstreu, Gebäude
Nahrung ■ Insekten, Asseln, Milben
Fortpflanzung ■ Eier werden paketweise in Erdritzen oder Zimmerecken abgelegt.
Lebensdauer ■ ca. 4–5 Monate

Weberknechte gibt es in vielen verschiedenen Arten. Sie werden auch *Schneider*, *Schuster* oder *Opa Langbein* genannt. Sie treten von Juni bis November auf, besitzen einen runden, gegliederten Hinterleib mit acht langen dornigen Beinen, die mehrfach länger als der Körper sind. Während die Weibchen größer sind, ist bei den Männchen die Scherenhand stärker ausgebildet. Weberknechte bauen keine Netze, sondern fangen ihre Opfer im Lauf, zerkleinern diese mit den Kieferklauen und fressen sie. Alle Weberknechte besitzen Stinkdrüsen, aus denen sie ein Wehrsekret aussondern können.

Gebänderte Prachtlibelle

Calopteryx splendens

Die Männchen besitzen gebänderte Flügel, einen metallisch blaugrünen Körper, ein helles Hinterteil (weißes Schlusslicht), das sie zur Balz einsetzen. Sie haben ein ausgeprägtes Territorialverhalten. Die Weibchen sind grüngolden und ohne Binde auf den Flügeln. Sie legen ihre Eier unterhalb der Wasseroberfläche ab, dort entwickeln sich auch die Larven. Das ausgewachsene Insekt (Imago) mit seinem seltsam flatterhaften Flug überlebt oft nur zwei Wochen. Der wissenschaftliche Artname der Libelle bedeutet „Glänzender Schönflügel".

Beschreibung

Merkmale ■ Familie der Prachtlibellen *(Calopterygidae)*, Körper 50 mm lang, Flügelspannweite bis 70 mm
Vorkommen ■ Uferbereich langsam fließender Gewässer
Nahrung ■ Fluginsekten
Fortpflanzung ■ Weibchen legen nach der Befruchtung mit einem Legebohrer ihre Eier in Wasserpflanzen ab. Die Larven entwickeln sich über mehrere Stadien zwei Jahre lang im Wasser.
Lebensdauer ■ 2–6 Wochen

Blauflügel-Prachtlibelle *Calopteryx virgo*

Beschreibung

Merkmale ■ Familie der Prachtlibellen *(Calopterygidae)*, Körper 30–40 mm lang, Flügelspannweite bis 70 mm
Vorkommen ■ Uferbereich langsam fließender Gewässer
Nahrung ■ Fluginsekten
Fortpflanzung ■ Weibchen legen nach der Befruchtung ihre Eier mit einem Legeapparat im Stängel von Wasserpflanzen ab. Larven entwickeln sich im Wasser, wo sie kühlere und schattigere Bereiche bevorzugen.
Lebensdauer ■ ca. 50 Tage

Die Blauflügel-Prachtlibelle ist neben der Gebänderten Prachtlibelle die einzige Art der Prachtlibellen in Europa. Die Körper der Männchen leuchten metallisch blaugrün, der Hinterleib ist rot. Die Flügel glänzen dunkelblau. Männchen umwerben die Weibchen mit schwirrenden Balzflügen. Die Weibchen besitzen einen kupferfarbenen Körper und braune Flügel mit gelblicher Aderung. Während sich die Larven langsam im Wasser entwickeln, leben die ausgewachsenen Tiere 40–50 Tage. Sie suchen dann nach geeigneten Eiablagestellen und paaren sich.

Gemeine Federlibelle *Platycnemis pennipes*

Die Gemeine oder auch Blaue Federlibelle ist eine Kleinlibelle und die einzige Art der Familie der Federlibellen in Mitteleuropa. Typisch sind ihre durchsichtigen, farblosen Flügel. Das Männchen hat einen hellblauen schlanken Körper, das Weibchen ist cremefarben bis grünlich. Ihren Namen erhielt sie nach den abgeflachten und mit Borsten besetzten Schienen der Hinter- und Mittelbeine, die wie Federn aussehen. Beide Geschlechter tragen paarige schwarze Längsstreifen auf den hinteren Segmenten des Körpers.

Beschreibung

Merkmale ■ Familie der Federlibellen *(Platycnemididae)*, Körper 35 mm lang, Flügelspannweite bis 45 mm
Vorkommen ■ Uferbereich stehender oder langsam fließender Gewässer
Nahrung ■ Fluginsekten
Fortpflanzung ■ Weibchen legen nach der Befruchtung mit angekoppeltem Männchen die Eier in die Stängel der gelben Teichrose. Die Larven entwickeln sich am Gewässergrund, überwintern dort und schlüpfen als Fluginsekten im Folgejahr.
Lebensdauer ■ 2–3 Monate

Große Königslibelle

Anax imperator

Beschreibung

Merkmale ■ Familie der Edellibellen *(Aeshnidae)*, Körper bis 70 mm lang, Flügelspannweite bis 110 mm
Vorkommen ■ pflanzenreiche stehende Gewässer
Nahrung ■ Fluginsekten
Fortpflanzung ■ Weibchen legen nach der Befruchtung die Eier in Stängel unterhalb der Wasseroberfläche oder in Pflanzenteile, die auf dem Wasser schwimmen. Larven entwickeln sich im Wasser.
Lebensdauer ■ ca. 2 Monate

Der Hinterleib dieser großen Libelle ist beim Männchen leuchtend blau mit seitlich gezähntem, schwarzem Längsband. Das Weibchen ist blaugrün mit braunem Rückenband. Die Flügel sind farblos und durchsichtig, die Hinterflügel dabei breiter als die Vorderflügel. Das Männchen lebt territorial und greift sich zur Fortpflanzung ein Weibchen im Flug, paart sich sofort mit ihm und befruchtet es. Die Larven entwickeln sich über ein bis zwei Jahre im Wasser, sind sehr aktiv und ernähren sich von Insektenlarven, Wasserwanzen und Kaulquappen.

Grünes Heupferd

Tettigonia viridissima

Der Kopf eines Heupferdes, der häufigsten Laubheuschrecke Europas, ähnelt tatsächlich dem Kopf eines Pferdes, wodurch das Tier seinen Namen erhielt. Sein Körper und seine Flügel sind grün gefärbt, auch die Larven sind grün. Die Vorderflügel bedecken in Ruhestellung die Hinterflügel. Typisch ist die feine braune Linie auf dem Rücken. Die Weibchen besitzen einen Legebohrer bis 32 mm Länge. Die Männchen „singen" mittags bis nachts in Büschen und Baumkronen, indem sie die Vorderflügel gegeneinander reiben und Schallimpulse erzeugen, die mehr als 50 m weit zu hören sind. In den Schienen der Vorderbeine sitzen die Hörorgane der Tiere.

Beschreibung

Merkmale ■ Familie der Laubheuschrecken *(Tettigoniidae)*. Körper 28–42 mm lang, einfarbig grün, lange dünne Fühler, kräftige Vorderschenkel

Vorkommen ■ Trockenrasen, Brachen, Wegränder, Gärten, Äcker

Nahrung ■ Insekten und deren Larven, verletzte Artgenossen, weiche, krautige Pflanzen

Fortpflanzung ■ Weibchen legen nach der Befruchtung 200–600 Eier in Erd- und Rindenspalten. Nach dem Überwintern entwickeln sich die Larven.

Lebensdauer ■ ca. 6 Monate

Feldgrille

Gryllus campestris

Beschreibung

Merkmale ■ Familie der Echten Grillen *(Gryllidae)*. Körper 19–22 mm lang und schwarz, Flügel bräunlich, großkugeliger, Kopf schwarz, lange Fühler
Vorkommen ■ Sonnige, trockene Wiesen und Feldränder
Nahrung ■ Allesfresser, kleinere Bodentiere, Blätter und Wurzeln von Gräsern und Kräutern
Fortpflanzung ■ Weibchen legen nach der Befruchtung Hunderte Eier ab. Nach 2–3 Wochen schlüpfen daraus die Larven, die sich über mehrere Stadien entwickeln.
Lebensdauer ■ ca. 10 Wochen

Die schwarz gefärbten Feldgrillen sind durch ihre Musik bekannt. Nur Männchen erzeugen diese, indem sie die Vorderflügel über Schrillkanten gegeneinander reiben. Dabei unterscheiden sie zwischen Werbe-, Reviergrenzungs- oder Kampfgesängen. Aus ihren selbstgegrabenen Erdlöchern heraus verteidigen sie sich gegen andere Männchen, beißen sie oder stoßen sie mit den Köpfen. Das stumme Weibchen, das an der Legeröhre zu erkennen ist, kann mit den Hörorganen auf ihren Vorderbeinen die Männchen orten. Feldgrillen können nicht fliegen und sind ausgesprochen scheu.

Gemeiner Grashüpfer

Chorthippus parallelus

Grashüpfer sind Kurzfühlerschrecken, deren Männchen „singen". Dabei streichen sie mit einem oder beiden Hinterschenkeln, an dem ein Sägekamm sitzt, über die Flügel und singen in Silben und Strophen. Die Flügel bilden ein kleines Dach, das als Resonanzkörper lautverstärkend wirkt. Die Vorderflügel bedecken in Ruhestellung die Hinterflügel. Die Weibchen haben wesentlich kürzere Flügel als die Männchen, sind insgesamt aber größer und wie diese oft flugunfähig. Weibchen folgen dem Gesang der Männchen oder werden zufällig zur Paarung gegriffen. Werden die Temperaturen kühler, verlangsamt sich auch der Gesang der Männchen.

Beschreibung

Merkmale ■ Familie der Feldheuschrecken *(Acrididae)*, Körper 28–42 mm lang, einfarbig grün, lange dünne Fühler, kräftige Vorderschenkel

Vorkommen ■ trockene Hangwiesen, Weiden, offene Grasbereiche

Nahrung ■ Pflanzenfresser, Gräser

Fortpflanzung ■ Weibchen legen alle drei Tage Eipakete im Boden ab. Die Eier überwintern, die Nymphen schlüpfen ab April, Imago ab Juni.

Lebensdauer ■ 1–2 Monate

Gemeine Waldschabe

Ectobius lapponicus

Beschreibung

Merkmale ■ Familie der Waldschaben *(Ectobiidae)*, Körper 7,5–11 mm lang, dunkel, kräftige Beine, lange Antennen, Weibchen hat kurze Flügel
Vorkommen ■ niedrige Vegetation, Waldränder
Nahrung ■ Kleinsttiere und Pflanzenreste
Fortpflanzung ■ Weibchen legen Eikapseln, die überwintern, in den Boden. Im Frühjahr schlüpfen Nymphen.
Lebensdauer ■ ca. 15 Monate

Die Männchen dieser heimischen Schabenart besitzen voll entwickelte Flügel und können fliegen. Die Flügel der Weibchen sind kurz und bedecken die Hälfte des Rumpfes. Der Halsschild ist dunkel gefärbt. Eine helle Linie grenzt ihn von den Flügeldecken ab. Die langen Fühler dienen der Orientierung und Nahrungssuche. Das tagaktive Tier überträgt keine Krankheiten und gilt deshalb nur als Lästling. Es lebt von Mai bis Oktober an Waldrändern und in niedriger Vegetation. In Wohnungen überlebt eine Waldschabe oft nur wenige Tage und muss nicht bekämpft werden.

Gemeiner Ohrwurm

Forficula auricularia

Diese Insekten mit den rötlich braunen und abgeplatteten Körpern sind fast überall zu finden. Sie leben als Kulturfolger in Ritzen, Spalten oder unter Laub in und um Gebäuden. Typisch sind ihre Greifzangen *(Cerci)* am Hinterleib, die bei den Männchen gebogen sind. Damit verteidigen sich die Tiere, ergreifen Beute oder nutzen sie bei der Paarung. Die dunklen Deckflügel sind gelbbraun und kürzer als die Stummelflügel. Ihre langen Fühler am Kopf bestehen aus 15 Gliedern. Ohrwürmer vertilgen als Nützlinge Blattläuse und richten als Problemschädlinge in Weintrauben und Pfirsichen Schaden an.

Beschreibung

Merkmale ■ Familie der Eigentlichen Ohrwürmer *(Forficulidae)*, Körper 10–16 mm lang und platt, rötlich braun, lange Fühler und Greifzangen, Stummelflügel, oft flugunfähig
Vorkommen ■ Kulturfolger, weit verbreitet in und um Gebäuden
Nahrung ■ Pflanzen, Blattläuse, Gliedertiere
Fortpflanzung ■ Weibchen legen im Frühjahr und Herbst Eihäufchen in Bodennester und bewachen diese, bis die Larven geschlüpft sind. Diese häuten sich 4- bis 5-mal zur Imago.
Lebensdauer ■ 6–7 Monate

Insekten

Schnabelkerfe

Wiesenschaumzikade *Philaenus spumarius*

Beschreibung

Merkmale ■ Familie der Schaumzikaden *(Aphrophoridae)*, Körper bis 6 mm lang und platt, Flügel dachförmig und am Ende stumpf abgerundet
Vorkommen ■ Wiesen und Weiden
Nahrung ■ Kleinsttiere und Pflanzensäfte
Fortpflanzung ■ Weibchen legen bis zu 400 Eier in Gruppen an den Nährpflanzen der Larven ab. Aus ihnen entwickeln sich nach 50 Tagen direkt die Vollinsekten.
Lebensdauer ■ ca. 1 Jahr

Wiesenschaumzikaden gehören zu den am weitesten verbreiteten Vertretern dieser Insektengruppe. Ihr Körper kann ganz unterschiedlich gezeichnet sein, von hell bis dunkel. Oft werden die Tiere mit Heuschrecken oder Käfern verwechselt. Die Flügelstellung kennzeichnet sie aber als Zikade. Am Kopf sitzen ein Paar Facettenaugen und kurze borstenförmige Fühler. Schaumzikaden können gut springen. Typisch sind die Schaumnester („Kuckucksspeichel") an Pflanzen, die von den grünlichgelben Larven erzeugt werden und sie vor Trockenheit und Feinden schützen sollen.

Blutzikade *Cercopis vulnerata*

Typisch für die Blutzikade ist ihre blutrote Zeichnung auf dem schwarzen Körper, die dem Tier seinen Namen gab. Die auffallende Zeichnung soll Fressfeinde warnen, dass die Zikade giftig ist, was jedoch Spinnen kaum abschreckt. Die Larven leben in Schaumnestern geschützt im Boden und saugen an den Wurzeln verschiedener Pflanzen. Erwachsene Tiere saugen an den oberirdischen Pflanzenteilen. Während der Paarung sitzen die Blutzikaden v-förmig beieinander.

Beschreibung

Merkmale ■ Familie der Blutzikaden *(Cercopidae)*, Körper 9–11 mm lang und platt, schwarz gefärbt mit gebänderter roter Flügelzeichnung, Flügel dachförmig abgelegt
Vorkommen ■ feuchte Wiesen, an Bächen und Waldwegen, von Mai bis August
Nahrung ■ Pflanzensäfte
Fortpflanzung ■ Weibchen legen die Eier in Gruppen in Rindenspalten ab, wo diese überwintern. Im Frühjahr schlüpfen die Larven und entwickeln sich im Boden zum Vollinsekt.
Lebensdauer ■ ca. 2 Monate

Gemeine Feuerwanze

Pyrrhocoris apterus

Beschreibung

Merkmale ■ Familie der Feuerwanzen *(Pyrrhhocoridae)*, Körper 9–11 mm lang und platt, schwarzrot gefärbt mit je einem Punkt auf der Vorderflügeldecke

Vorkommen ■ unter Laubbäumen, April bis Oktober

Nahrung ■ Sie saugen Lindensamen und tote Insekten aus

Fortpflanzung ■ Weibchen legen die Eier nach einer Paarung von bis zu 30 Stunden in Erdhöhlen oder unter Laub ab, Junglarven entwickeln sich im Sommer.

Lebensdauer ■ ca. 1 Jahr

Die Gemeine Feuerwanze ist an der lebhaft feuerroten Zeichnung auf dem Oberkörper und den Flügeldecken zu erkennen, typisch ist der schwarze Punkt auf den Flügeln. Dabei sind Färbung und Zeichnung von der Temperatur abhängig. Beine, Fühler und Kopf sind schwarz. Selten sind die Tiere flugfähig. Auch die Nymphen besitzen einen rot gefärbten Hinterleib. Sie sammeln sich häufig mit Vollinsekten an sonnigen Plätzen. Doch sobald Wehrsekrete ausgestoßen werden, lösen sich diese Ansammlungen rasch wieder auf.

Lederwanze *Coreus marginatus*

Die Lederwanze ist auch als *Große Randwanze* oder *Saumwanze* bekannt. Ihr bräunlicher Körper erinnert in seiner Erscheinung an Leder und verhalf ihr zu ihrem Namen. Fliegen die Tiere, wird der leuchtend rote Rücken des Hinterleibs sichtbar. Die Lederwanze lebt ab April auf Bäumen und Sträuchern, bevorzugt dabei Knöterichgewächse, paart sich und legt an den Wirtspflanzen die Eier ab. Nach drei bis fünf Wochen schlüpfen die Larven und durchlaufen fünf Stadien bis zum Vollinsekt. Die Tiere saugen an Pflanzen und können bei Gefahr ein Gift verspritzen, das menschliche Haut braun färbt.

Beschreibung

Merkmale ■ Familie der Randwanzen *(Coreidae)*, Körper bis 16 mm lang und platt, gelblich bis dunkelbraun, Hinterleibsseiten verbreitert
Vorkommen ■ ab April auf Bäumen und Sträuchern
Nahrung ■ Saft von Knöterichgewächsen und deren Samen
Fortpflanzung ■ Weibchen legen die Eier im Mai an Stängel und Blätter der Knöterichgewächse.
Lebensdauer ■ 1–2 Jahre

Goldlaufkäfer *Carabus auratus*

Beschreibung

Merkmale ■ Familie der Laufkäfer *(Carabidae)*, Körper 17–30 mm lang, metallisch glänzend mit längsgerippten Flügeldecken, Beine und erste Fühlerglieder gelb-rot
Vorkommen ■ Wiesen, Felder; April bis August
Nahrung ■ Insekten, Würmer, Schnecken, Aas
Fortpflanzung ■ Weibchen legen etwa 50 Eier in den Boden, woraus die Larven schlüpfen und sich dreimal häuten, anschließend Puppenruhe, bis die Käfer im Boden schlüpfen.
Lebensdauer ■ bis 2 Jahre

Der Goldlaufkäfer oder auch *Goldschmied* gehört zu den Laufkäfern und fällt mit seinem metallisch goldgrün glänzenden Körper auf. Die tagaktiven Tiere klettern rege, um Schnecken, Würmer oder Insekten zu erbeuten, die weitaus größer als sie selbst sind. Ebenso fressen sie Pilze und Aas. Die Larve entwickelt sich im Erdboden, das Vollinsekt schlüpft aus den Puppen im Herbst und überwintert geschützt unter Steinen oder Moos.

Kleiner Leuchtkäfer *Lamprohiza splendidula*

Der Kleine Leuchtkäfer ist auch als *Glühwürmchen* bekannt, weil bei den flugunfähigen Weibchen Leuchtorgane auf der Unterseite den durchscheinenden Körper zum Leuchten bringen, womit sie abends Männchen anlocken. Die Männchen können fliegen und durch ihre beiden Leuchtfelder auf der Bauchseite des Hinterleibes ebenfalls grünlich leuchten. Auch die Eier, Larven und Puppen besitzen Leuchtorgane. Da die Käfer vermehrt Ende Juni zum Johannistag fliegen, werden sie mancherorts auch *Johanniswürmchen* genannt.

Beschreibung

Merkmale ■ Familie der Leuchtkäfer *(Lampyridae)*, Körper 8–10 mm lang, Männchen schwarzbraun mit Flügeln, das Weibchen ist gelbbraun und flügellos. Leuchtorgane sitzen an der Unterseite des Hinterleibes.
Vorkommen ■ Waldränder, Gärten, Gebüsche, Wiesen; Mai bis September
Nahrung ■ Larven jagen Schnecken, Käfer fressen nichts
Fortpflanzung ■ Weibchen locken Männchen an und legen nach der Paarung die Eier ab. Larven entwickeln sich über drei Jahre zum Vollinsekt.
Lebensdauer ■ bis zu 2 Monate

Siebenpunkt-Marienkäfer *Coccinella septempunctata*

Beschreibung

Merkmale ■ Familie der Marienkäfer *(Coccinellidae)*, Körper 6–8 mm lang, gewölbter runder Körper, Halsschild schwarz, Flügeldecken rot mit sieben schwarzen Punkten
Vorkommen ■ gesamte Vegetation; ganzjährig
Nahrung ■ Blattläuse
Fortpflanzung ■ Weibchen legen 400 Eier auf Pflanzenteile mit Blattläusen, Larven entwickeln sich an der Wirtspflanze zur Puppe.
Lebensdauer ■ ca. 1 Jahr

Den leuchtend roten Marienkäfer mit seinen sieben schwarzen Punkten kennt jedes Kind. Im Sommer sind die Tiere in allen Gärten, Wiesen und Landschaften anzutreffen. Typisch ist ihr Flug, bei dem sie von einer erhöhten Position aus ihre Flügeldecken abspreizen, die Flügel entfalten und losfliegen. Marienkäfer sind Nützlinge, da sie während ihres Lebens unzählige Blattläuse vertilgen. Deshalb leben sie auch auf befallenen Pflanzen nahe einer Blattlauskolonie. Die Larven sind bunt gezeichnet und durchlaufen mehrere Stadien bis zum Vollinsekt. Marienkäfer überwintern hinter Rinden, Steinen und in Gebäuderitzen.

Zweiundzwanzigpunkt-Marienkäfer *Psyllobora vigintiduopunctata*

Der Zweiundzwanzigpunkt- wird auch *Pilz-Marienkäfer* genannt, da er mit seinem fast kreisrunden Körper und der gelben Färbung mit den schwarzen Punkten wie ein kleiner Pilz erscheint. Die Deckflügel weisen jeweils genau 11 schwarze Punkte auf, das gelbe Halsschild noch einmal 5. Auch die Larven sind gelb gefärbt und tragen schwarze Fortsätze, aus denen schwarze Haare wachsen. Auch dieser Marienkäfer ist ein Nützling, da er sich vom Mehltaupilz ernährt. Droht dem Tier Gefahr, zieht es die Beine an den Körper und stellt sich tot. Dabei scheidet es eine übel riechende orangefarbene Flüssigkeit aus den Kniegelenken aus.

Beschreibung

Merkmale ■ Familie der Marienkäfer *(Coccinellidae)*, Körper 3–5 mm lang, gewölbter runder Körper, Halsschild und Flügeldecken gelb mit schwarzen Punkten

Vorkommen ■ Laubwälder und Gärten; März bis Oktober

Nahrung ■ Mehltaupilze

Fortpflanzung ■ Weibchen legen die Eier auf vom Mehltau befallene Pflanzenteile, Larven entwickeln sich an der Wirtspflanze zur Puppe, Käfer überwintern im Bodenstreu oder altem Gras.

Lebensdauer ■ ca. 1 Jahr

Frühlingsmistkäfer

Geotrupes vernalis

Beschreibung

Merkmale ■ Familie der Mistkäfer *(Geotrupidae)*, Körper 12–20 mm lang, metallisch blau bis grün glänzender Körper
Vorkommen ■ Wälder und Weiden an Dung; Mai bis Oktober
Nahrung ■ Kot pflanzenfressender Säugetiere
Fortpflanzung ■ Paar gräbt Kammern unter Dunghaufen, wo das Weibchen die Eier ablegt. Larve ernährt sich vom Dung und überwintert, verpuppt sich im Frühjahr.

Der glänzende Leib des Mistkäfers kann bläulich schwarz bis grünlich schimmern. Der Käfer kommt fast überall in Europa vor und hält sich in der Nähe von Dunghaufen auf, da er sich ausschließlich von Exkrementen ernährt und damit zur Zersetzung von organischem Material in der Natur beiträgt. Auch die Larven leben davon, weshalb der Mistkäfer jedes Ei mit einem Kotkügelchen versieht und in eine Röhre legt, die er bis zu 50 cm tief in den Boden gegraben und mit Kot gefüllt hat. Davon ernähren sich die Larven bis zur Verpuppung. Im Frühjahr des nächsten Jahres schlüpfen dann die Käfer.

Feldmaikäfer

Melolontha melolontha

Der Feldmaikäfer oder *Gemeine Maikäfer* ist an seinen roten Flügeldecken und der weißen dreieckigen Zeichnung an den Flanken gut zu erkennen. Am Kopf sitzen fächerförmige Fühlerkeulen. Bekannt sind auch seine hellen, cremefarbenen Larven, die als Engerlinge im Boden leben und sich von Pflanzenwurzeln ernähren. Früher verursachten sie dabei große Schäden an den Kulturpflanzen, auch heute noch in Baumschulen, bevorzugen aber in der freien Natur Löwenzahn, Ampfer und Schafgarbe. Die erwachsenen Tiere können bei Massenvermehrung Kahlfraß anrichten.

Beschreibung

Merkmale ■ Familie der Blatthornkäfer *(Scarabaeidae)*, Körper 22–32 mm lang, Körper, Kopf und Leib sind schwarz, Beine, Flügeldecken und Fühler rot. Flanken mit weißen dreieckigen Flecken

Vorkommen ■ Laubbäume und offene Landschaften; Mai bis Juli

Nahrung ■ Blätter und Triebe

Fortpflanzung ■ Weibchen legen Eier im Boden ab, aus denen sich die cremefarbenen Larven im Lauf von 3 Jahren entwickeln.

Lebensdauer ■ 4–6 Wochen

Hirschkäfer

Lucanus cervus

Beschreibung

Merkmale ■ Familie der Schröter *(Lucanidae)*, Körper 25–75 mm lang, Weibchen nur 40 mm und ohne Geweih. Körper dunkel gefärbt, Deckflügel und Mandibeln (Geweih) kastanienbraun bis rötlich
Vorkommen ■ Laub- und Mischwälder mit Eichen; Mai bis August
Nahrung ■ Pflanzensäfte von Bäumen
Fortpflanzung ■ Weibchen legen Eier an morschen Bäumen ab. Die Larven fressen dort 5–8 Jahre, bis sie sich verpuppen.
Lebensdauer ■ 3–8 Wochen

Der Hirschkäfer, der auch *Hornschröter* genannt wird, ist einer der auffälligsten und größten Käfer in Europa. Seinen Namen erhielt er nach seinen vergrößerten Oberkiefern, die einem Geweih ähneln und die nur Männchen tragen und bei Paarungskämpfen einsetzen. Im Römischen Reich wurden die Geweihe als Amulette getragen. Der Hirschkäfer steht auf der Roten Liste als stark gefährdete Tierart, da sein Lebensraum abnimmt. Die Larven leben in Totholz, das heute aufgrund der intensiven Waldpflege kaum noch zu finden ist.

Kartoffelkäfer

Leptinotarsa decemlineata

Der Kartoffelkäfer wurde nach seiner Nahrung benannt: der Kartoffelpflanze. Hier lebt er und frisst als Larve und als Käfer die Blätter des Nachtschattengewächses. Seine Flügeldecken und sein Halsschild sind auffällig gelb-schwarz gefärbt. Diese Färbung dient als Warntracht, denn der Käfer kann bei Gefahr ein Wehrsekret ausscheiden. Der Kartoffelkäfer ist kein ursprünglich heimischer Käfer, sondern wurde erst Ende des 19. Jahrhunderts von Kanada nach Europa eingeschleppt, wo er seitdem große Fraßschäden an den Pflanzen verursacht.

Beschreibung

Merkmale ■ Familie der Blattkäfer *(Chrysomelidae)*, Körper 7–15 mm lang, gelb mit je 5 schwarzen Streifen auf den Flügeldecken, Halsschild gelb mit schwarzen Punkten

Vorkommen ■ Nachtschattengewächse; Mai bis September

Nahrung ■ Blätter der Kartoffel

Fortpflanzung ■ Weibchen legen an die Blattunterseite der Kartoffelpflanze die Eier ab, aus denen nach wenigen Tagen die Larven schlüpfen. Nach 2–4 Wochen verpuppen sie sich in der Erde.

Lebensdauer ■ ca. 2 Jahre

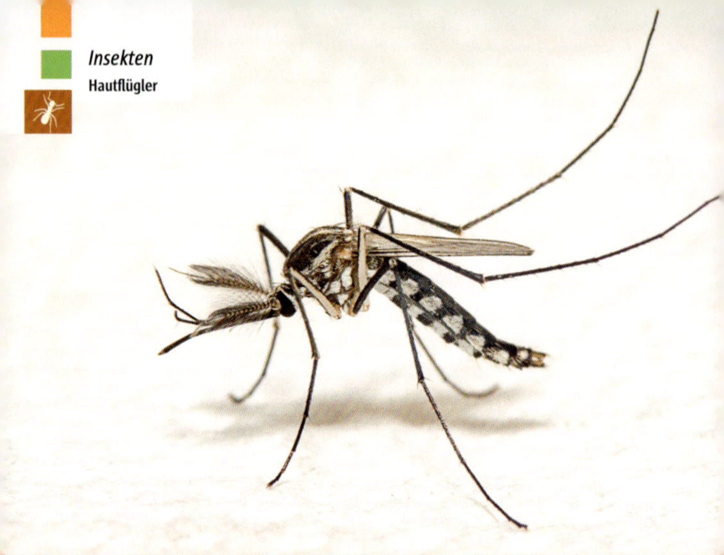

Gemeine Stechmücke *Culex pipiens*

Beschreibung

Merkmale ■ Familie der Stechmücken *(Culicidae)*, Körper 3–7 mm lang, schmale Flügel, lange Beine, Stech- oder Saugrüssel
Vorkommen ■ In der Nähe von Gewässern; Mai bis September
Nahrung ■ Nektar, Blut
Fortpflanzung ■ Die befruchteten Weibchen überwintern und legen im Frühjahr Eihäufchen auf dem Wasser ab. Nach 20 Tagen schlüpft die Imago.
Lebensdauer ■ unbefruchtet ca. 6 Wochen

Die Weibchen der Stechmücke besitzen einen langen Stechrüssel, mit dem sie Blut saugen können. Denn nach der Paarung benötigen sie Proteine, die sie im Blut von Säugetieren und Vögeln vor allem in der Dämmerung und nachts finden. Körperschweiß und andere Gerüche leiten sie dabei. Beim Stechen gibt das Tier Speichel ab, der beim Menschen zu Juckreiz führt und ihn außerdem mit Viren oder Bakterien infizieren kann. Der Saugrüssel der Männchen ist kleiner und kann nur Nektar und Pflanzensäfte aufnehmen. Typisch sind die besonders langen Beine der Stechmücke und ihr Flugton, der beim Weibchen tiefer ist.

Rinderbremse

Tabanus bovinus

Die Rinderbremse oder *Viehfliege* gehört zu den größten Fliegen Europas und ist an ihren großen irisierenden Augen, dem gemusterten Hinterleib und dem kräftigen Summton gut zu erkennen. Die Weibchen benötigen wie viele Bremsen vor der Eiablage Blut und saugen dies vor allem von Rindern, woher sie auch ihren Namen bekamen, sehr selten vom Menschen. Beim Stich spritzen sie Tabain in die Wunde ein, welches die Blutgerinnung verzögert und wodurch sie das Blut gut aufsaugen können.

Beschreibung

Merkmale ■ Familie der Bremsen *(Tabanidae)*, Körper 10–24 mm lang, kräftig und braun gefärbt mit hellen Streifen am Hinterleib. Flügel bräunlich grau

Vorkommen ■ Weiden und Waldränder; Mai bis August

Nahrung ■ Blütensäfte, Blut

Fortpflanzung ■ Die befruchteten Weibchen legen die Eier in feuchten, sumpfigen Boden, wo sich die Larven entwickeln.

Gemeine Stubenfliege *Musca domestica*

Beschreibung

Merkmale ■ Familie der Echten Fliegen *(Muscidae)*, Körper 6–9 mm lang, beborstet, bräunlich mit Flecken am Rücken, rote Facettenaugen
Vorkommen ■ Kulturfolger; ganzjährig
Nahrung ■ organische Stoffe
Fortpflanzung ■ Die befruchteten Weibchen legen die Eier in sich zersetzendes, organisches Material ab. Die Larven ernähren sich davon, häuten sich mehrfach und verpuppen sich (1–3 Wochen).
Lebensdauer ■ 30–40 Tage

Die bekannte Stubenfliege mit ihren roten Augen, den durchsichtigen Flügeln und ihrem leckend-saugenden Rüssel ist – wie schon der Name sagt – in jeder Stube anzutreffen. Als Kulturfolger lebt sie ganzjährig im Umfeld des Menschen. Da sie alles, vom Kot bis zum Zucker, aufsaugt, was ihr Speichel zersetzen kann, gilt sie als Krankheitsüberträgerin von Ruhr, Typhus, Cholera, Salmonellen und mehr. Dabei ist die Lebensdauer der Stubenfliege stark von den Umwelttemperaturen abhängig, weshalb sie vor allem in den Sommermonaten aktiv ist.

Goldfliege

Lucilia caesar

Die Goldfliege oder auch *Kaisergoldfliege* aus der Familie der Schmeißfliegen ist in kleinen Gärten ein gern gesehener Gast, da sie Einzelblüten bestäubt und Blattläuse melkt. Dennoch gilt sie als Krankheitsüberträger, da sie sich wie andere Aasfliegen auch von Kot und Dung ernährt. Sie legt während eines Lebens einige tausend Eier ab. Die Larven entwickeln sich in totem Fleisch oder in Tierwunden. Larven und Fliegen können überwintern.

Beschreibung

Merkmale ■ Familie der Schmeißfliegen *(Calliphoridae)*, Körper 8–12 mm lang, Körper metallisch grün-gold und beborstet, rote Facettenaugen
Vorkommen ■ an Blüten und Aas; ganzjährig
Nahrung ■ Blütennektar, Exkremente
Fortpflanzung ■ Die befruchteten Weibchen legen die Eier in verwesendes tierisches Material oder Wunden ab. Mehrere Generationen pro Jahr.
Lebensdauer ■ 3–4 Wochen

Schwarze Wegameise

Lasius niger

Beschreibung

Merkmale ■ Familie der Ameisen *(Formicidae)*, Körper der Arbeiterinnen 3–5 mm lang, Königinnen 8–9 mm, Männchen 3,5–4,5 mm, Körper dunkel
Vorkommen ■ Wälder und offene Landschaften; April bis Oktober
Nahrung ■ Honigtau von Blattläusen, Insekten
Fortpflanzung ■ Nach dem Hochzeitsflug einmal im Jahr legen die Jungköniginnen Eier ab, woraus Arbeiterinnen schlüpfen und eine neue Kolonie aufbauen.
Lebensdauer ■ schwer zu ermitteln, kann bis zu mehreren Jahren betragen

Die Schwarze Wegameise gehört zu den häufigsten Ameisen Mitteleuropas. Sie lebt vom Honigtau der Blattläuse, den sie sich melkt. Dafür bewacht sie Blattlauskolonien, vor allem die der Schwarzen Bohnenwurzellaus, vor Eindringlingen und Fressfeinden, baut an Pflanzenstängeln „Blattlauspavillons" oder betreut sie im Boden. Wegameisen begatten sich im Fluge, wonach die Männchen sterben und die Jungköniginnen in einer unterirdischen Kammer die Eier ablegen. Aus den Eiern schlüpfen zunächst Arbeiterinnen, die den Bau erweitern und sich um den Nachwuchs kümmern.

Rote Waldameise *Formica rufa*

Die Rote Waldameise ist an dem roten Verbindungsstiel zwischen dunklem Hinterleib und roter Brust, eine aufrecht stehende Schuppe, zu erkennen. Sie baut Nester mit einem ausgeprägten Gang- und Kammersystem von ein bis drei Metern Höhe in Baumstümpfe und zusammengetragene Haufen von Baumnadeln. In den Kammern pflegen Königinnen den Nachwuchs und züchten Jungköniginnen und Männchen heran, die sich begatten. Den Samen legen die Königinnen in einer Samentasche ab und nutzen diesen ihr ganzes Leben lang. Die Rote Waldameise gilt als gefährdete Tierart.

Beschreibung

Merkmale ■ Familie der Ameisen *(Formicidae)*, Körper der Arbeiterinnen 4,5–9 mm lang, Königinnen und Männchen 9–11 mm, Körper dunkel bei Männchen, rötlich bei Weibchen, kräftige Mundwerkzeuge
Vorkommen ■ Nester an Waldrändern; April bis Oktober
Nahrung ■ Insekten, Larven, Raupen und Spinnentiere
Fortpflanzung ■ Nach der Besamung legen die Jungköniginnen Eier ab, woraus Arbeiterinnen schlüpfen und eine neue Kolonie aufbauen.
Lebensdauer ■ ca. 20 Jahre (Königin)

Hornisse

Vespa crabro

Beschreibung

Merkmale ■ Familie der Faltenwespen (*Vespidae*), Körper der Arbeiterinnen 18–25 mm lang, Königinnen bis 35 mm und Drohnen 21–28 mm, Kopf und Brust dunkel, Hinterleib gelb gezeichnet, Flügel durchsichtig
Vorkommen ■ Waldränder, Nähe menschlicher Behausungen; April bis Oktober
Nahrung ■ Insekten, Larven, Raupen, Heuschrecken und Spinnentiere
Fortpflanzung ■ Im Frühjahr legt die Jungkönigin Eier ab, aus denen sich ein neues Volk entwickelt.
Lebensdauer ■ 3–4 Wochen (Arbeiterin), bis zu 1 Jahr (Königin)

Hornissen bilden einjährige Staaten. Dafür gründet die Königin im Frühjahr ein Nest mit ersten Waben aus zerkautem Holz, legt darin die Eier ab und füttert die Larven, aus denen die ersten Arbeiterinnen schlüpfen, die ihr fortan alle Arbeiten abnehmen. Bis zu 700 Tiere entwickeln sich bis zum Herbst. Dann schlüpfen Jungköniginnen und Drohnen und befruchten sich. Die begatteten Königinnen überwintern und gründen im Frühjahr ein neues Volk. Das Gift der Hornisse ist in seiner Toxizität mit dem der Bienen vergleichbar, der Stachel ist jedoch länger und kann tiefer stechen.

Deutsche Wespe
Vespula germanica

Die Deutsche Wespe ist in Europa weit verbreitet. Das begattete Weibchen, das überwintert hat, baut Anfang Mai ein Nest aus papierartiger Masse. Bis zu zehntausend Individuen können darin zusammen leben. Gemeinsam mit der *Gewöhnlichen Wespe (Vespula vulgaris)* löst die Deutsche Wespe alle drei bis fünf Jahre Wespenplagen aus. Da die Arbeiterinnen auch menschliche Nahrung aufnehmen, werden sie den Menschen schnell lästig. Stiche der Tiere sind für gesunde Menschen zwar schmerzhaft, aber meist ohne ernsthafte Folgen.

Beschreibung

Merkmale ■ Familie der Faltenwespen *(Vespidae)*, Körper der Arbeiterinnen 12–14 mm lang, Weibchen 16–19 mm und Männchen 13–17 mm, Körper schwarz-gelb gezeichnet, Flügel durchsichtig
Vorkommen ■ unterirdische Nester in Mäuse- und Maulwurfsgängen, oberirdisch Dachböden und Hohlräume; April bis Oktober
Nahrung ■ Früchte, Nektar, Insekten
Fortpflanzung ■ Im Frühjahr legt die Jungkönigin Eier ab, aus denen sich ein neues Volk entwickelt.

Dunkle Erdhummel

Bombus terrestris

Beschreibung

Merkmale ■ Familie der Echten Bienen *(Apidae)*, Körper der Arbeiterinnen und Drohnen 8–10 mm lang, Königinnen 20–28 mm, behaarter Körper schwarz mit gelben Binden, Hinterteilspitze hell, Flügel durchsichtig
Vorkommen ■ unterirdische Nester in Mäuse- und Maulwurfsgängen; April bis Oktober
Nahrung ■ Blütenpollen, Nektar
Fortpflanzung ■ Im Frühjahr legt die Jungkönigin in Maulwurfs- oder Mäuselöchern Eier in ein Nest, aus denen sich ein neues Volk entwickelt.
Lebensdauer ■ 6–8 Wochen

Die Dunkle Erdhummel ist die häufigste und eine der größten Hummeln Europas. Sie trägt auf dem dunklen Körper zwei gelbe Querbinden und eine helle Spitze am Hinterleib. Sie gründet im Frühjahr ihren Staat in Erdlöchern und wärmt die Brut. Während sie die Larven großzieht, muss sie bis zu 6000 Blüten besuchen. Anschließend kümmern sich die Arbeiterinnen um die Larven. Bis zu 400 Individuen können in einem Nest zusammenleben. Hummeln sind im Gemüsebau als Blütenbestäuber gern gesehen. Dafür werden in Gewächshäusern komplette Hummelnester ausgesetzt.

Westliche Honigbiene *Apis mellifera*

Die Westliche Honigbiene ist ein wichtiges Nutztier, da sie für die Bestäubung der Blüten sorgt. Als eifrige Pollensammlerin fliegt sie von Blüte zu Blüte, wobei Pollen an den Bürstchen der Hinterbeine hängenbleiben. Die Königin, die gut an ihrem verlängerten Hinterleib zu erkennen ist, legt bis zu 200 Eier am Tag und gründet damit Staaten mit bis zu 50 000 Individuen. Arbeiterinnen bauen Waben aus Wachs, sammeln Nektar, produzieren Honig, legen Vorräte an und füttern die Larven. Sie besitzen einen Stachel. Drohnen werden allein für den Hochzeitsflug aufgezogen und sterben danach. Imker schleudern aus den Bienenwaben den begehrten Honig.

Beschreibung

Merkmale ■ Familie der Echten Bienen *(Apidae)*, Körper der Arbeiterinnen 11–13 mm, Drohnen 13–16 mm lang, Königinnen 15–18 mm, Körper schwarz-gelb gestreift, Flügel durchsichtig
Vorkommen ■ unterirdische Nester in Gängen, Baumstümpfen oder im Bienenstock; April bis Oktober
Nahrung ■ Blütenpollen, Nektar
Fortpflanzung ■ Jungköniginnen paaren sich mit Drohnen, die danach sterben.
Lebensdauer ■ 122–152 Tage

Schwalbenschwanz

Papilio machaon

Beschreibung

Merkmale ■ Familie der Ritterfalter *(Papilionidae)*, Körper dunkel, Flügel Grundfarbe gelb, am Rand der Vorderflügel schwarzes Band, an den Hinterflügeln blauschwarzes Band, Schwanzfortsätze, Innenwinkel mit rötlichen Augenflecken, Spannweite 50–75 mm
Vorkommen ■ offenes hügeliges Gelände; April bis August
Nahrung ■ Blütenpollen, Nektar
Fortpflanzung ■ Weibchen legen die Eier in Bodennähe einzeln an Doldenblüten ab, wo die Larven leben. Die Herbstpuppe überwintert.
Lebensdauer ■ 6–8 Wochen

Der Schwalbenschwanz gehört zu den größten Faltern im deutschsprachigen Raum. Er kann recht schnell fliegen und die Weibchen bilden gerne kleine Trupps. Bei der Gipfelbalz segeln die Tiere von einer Erhebung hinab, um einen Geschlechtspartner zu finden. Die Raupen sind anfangs schwarz mit orangeroten Punkten, später grün mit schwarzen Querstreifen und gelben bis orangeroten Punkten. Bei Gefahr stülpen sie eine orangerote Nackengabel aus und sondern einen Duftstoff ab, der Ameisen und andere Feinde abwehrt. Der Schwalbenschwanz bildet mehrere Generationen pro Jahr.

Großer Kohlweißling

Pieris brassicae

Der Große Kohlweißling ist weit verbreitet und tritt häufig auf. Seine gelblichgrün und schwarz gefleckten Raupen sind an allen Kohlarten zu finden, wodurch er seinen Namen erhielt. Dort fressen sie gesellig in Gruppen. Mehrere Generationen pro Jahr treten auf, wobei die zweite ab Juli erhebliche Schäden anrichten kann und in der Landwirtschaft bekämpft wird. Noch häufiger treten die kleineren Weißlinge wie der Rapsweißling, der Kleine Weißling oder der Baumweißling auf, die ähnlich gefärbt sind.

Beschreibung

Merkmale ■ Familie der Weißlinge *(Pieridae)*, Körper und Flügel Grundfarbe grünlich, schwarze Flecken beim Weibchen, Unterseite dunkel bestäubt, Spannweite 60 mm

Vorkommen ■ Gärten, Wiesen, Felder und Waldränder; April bis Oktober

Nahrung ■ Kohlarten, Kreuzblütler, Kapuzinerkresse

Fortpflanzung ■ Weibchen legen die Eier an der Blattunterseite von Kohlgewächsen ab. Die Herbstpuppe überwintert.

Lebensdauer ■ ca. 20 Tage

Zitronenfalter

Gonepteryx rhamni

Beschreibung

Merkmale ■ Familie der Weißlinge *(Pieridae)*, Männchen zitronengelb, Weibchen grünlich-weiß, Spitzen bei beiden zugespitzt, orangefarbener Fleck auf den Flügeloberseiten, Spannweite 50–55 mm
Vorkommen ■ Gärten, Wiesen, Felder und Waldränder
Nahrung ■ Stechpalmen, Faulbaum, Kreuzdorngewächse
Fortpflanzung ■ Weibchen legen Eier an die Knospen der Futterpflanzen. Larven entwickeln sich auf Blättern, verpuppen sich mit kleinem Gespinstpolster.
Lebensdauer ■ ca. 1 Jahr

Der Zitronenfalter ist einer der ersten Schmetterlinge im zeitigen Frühjahr und schon ab März anzutreffen, wenn er Frühblüher anfliegt. Sein Name bezieht sich auf das Männchen, das leuchtend zitronengelb gefärbt ist. Das Weibchen ist grünlich bis gelb-weiß und wird oft mit dem Großen Kohlweißling verwechselt. Die grüne Raupe ist auf den Blattoberseiten gut getarnt, wo sie vom Rand her frisst. In der heißen Sommerzeit legen die Falter eine Ruhepause ein (Übersommerung), um im Herbst wieder aktiv zu werden.

Gemeiner Bläuling

Polyommatus icarus

Der Bläuling wird auch *Hauhechel-Bläuling* genannt, weil seine Raupen Hauhechelpflanzen fressen. Er selbst gehört zu den häufigsten Bläulingen und ist durch die blauviolette Färbung der Männchen gut zu erkennen. Die Weibchen sind eher bräunlich und wirken wie blau bestäubt. Der Falter ist von April bis September auf Wiesen zu beobachten. Ähnliche Arten haben sich auf andere Pflanzen spezialisiert, wie der Rotklee-, der Wundklee-, der Vogelwicken- oder der Weißdolch-Bläuling. Bläulinge besiedeln ganz Europa, Nordafrika und Asien und leben in den Alpen bis in 2000 Meter Höhe.

Beschreibung

Merkmale ■ Familie der Bläulinge *(Lycaenidae)*, Männchen blau mit hellem Rand und lebhafter Zeichnung auf der Unterseite, Weibchen bräunlich mit gelborangefarbenen Saumflecken, Raupen asselförmig und grün mit grüner Rückenlinie, Spannweite 25–35 mm

Vorkommen ■ Wiesen

Nahrung ■ Hauhechel, Klee, Kronwicke

Fortpflanzung ■ Weibchen legen Eier an junge, noch nicht blühende Pflanzen. Die Raupe überwintert.

Lebensdauer ■ 1–3 Monate

Tagpfauenauge *Inachis io*

Beschreibung

Merkmale ■ Familie der Edelfalter *(Nymphalidae)*, braunrote Flügelpaare mit großem blauschwarzen Augenfleck in den Spitzen, Spannweite 50–55 mm, Raupe schwarz mit weißen Punkten, Puppe graugrün
Vorkommen ■ Waldränder, Parks
Nahrung ■ Raupen an Brennnesseln, Falter an Blütenpflanzen
Fortpflanzung ■ Weibchen legen bis 200 Eier an Blattunterseiten, Larven häuten sich mehrfach bis zur Puppe.
Lebensdauer ■ 6–7 Monate

Auf den rostroten Flügelpaaren des Tagpfauenauges sitzen jeweils an den oberen Flügelspitzen schwarz, blau und gelb gefärbte Augenflecken. Daneben finden sich am oberen Flügelrand größere schwarze und weiße Flecken. Die Flügelunterseiten sind schwarzbraun marmoriert. Der Falter legt im Sommer eine Ruhepause ein und überwintert in leicht feuchten, geschützten Verstecken wie Höhlen oder Kellern. Er lebt bevorzugt in der Nähe von Brennnesseln und stickstoffreichen Böden. Haben Männchen ein Territorium gefunden, das sich gut zur Eiablage eignet, verteidigen sie es eifrig.

Admiral

Vanessa atalanta

Der Admiral ist ein Wanderfalter und fliegt innerhalb Europas im Herbst nach Süden. Früher kam er im Mai über die Alpen nach Mitteleuropa. Heute überwintert er in Süddeutschland, wobei er beim ersten Frost oft stirbt. Die Tiere haben sich auf der ganzen Welt in ihren Populationen an das jeweilige Klima angepasst und wandern dort von Nord nach Süd und umgekehrt. Je nach Klima bilden sie mehrere Generationen pro Jahr aus. Die Raupen fressen bevorzugt Brennnesseln und sind auch bei Massenvermehrung harmlos.

Beschreibung

Merkmale ■ Familie der Edelfalter *(Nymphalidae)*, dunkelbraune Flügelpaare, orangerote Schrägbinde im Vorderflügel und Saumbinde im Hinterflügel, Spannweite 50–65 mm, Raupe dunkel.

Vorkommen ■ Waldränder, Parks, Gärten, Siedlungsgebiete

Nahrung ■ Raupen an Brennnesseln, Falter an Schmetterlingsflieder, Fallobst, Efeublüten

Fortpflanzung ■ Weibchen legen Eier an Brennnesseln, Larven häuten sich mehrfach, Verpuppung in Blatttüten.

Lebensdauer ■ ca. 43 Tage

Distelfalter

Vanessa cardui

Beschreibung

Merkmale ■ Familie der Edelfalter *(Nymphalidae)*, ziegelrote Flügelpaare mit Musterung in der Spitze, Unterseite mit Augenflecken, Spannweite 45–60 mm, Raupe verschieden gefärbt, bedornt

Vorkommen ■ Felder, Wiesen, offene Landschaften

Nahrung ■ Raupen: Disteln, Kürbisgewächse; Falter saugen an Blüten und Fallobst

Fortpflanzung ■ Weibchen legt Eier an Disteln, Larven leben dort und häuten sich mehrfach, Herbstfalter wandert nach Süden ab.

Lebensdauer ■ ca. 12 Monate

Der Distelfalter gehört ebenfalls zu den Wanderfaltern. Er lässt sich vom Wind tragen und kann große Distanzen überwinden. Bevorzugt hält er sich in wärmeren Landschaften auf. Im Herbst fliegt er in den Süden und verendet oftmals beim Überqueren der Alpen. Im Mai wandert er in den Norden, um sich zu paaren, vorzugsweise in Gebieten mit Trockenrasen und vielen Disteln, was dem Tier zu seinem Namen verhalf. Die Raupen spinnen das gesamte Blatt von der Blattspitze an zum Fressen ein. In Disteln spinnen sie zwischen Blattansatz und Stiel.

Schachbrett

Melanargia galathea

Das Schachbrett ist ein weit verbreiteter Tagfalter, der je nach örtlicher Population eigene Musterungen ausbildet. Seine Flügel sind schachbrettartig schwarzweiß oder braunweiß gemustert, auf der Unterseite sitzen Augenflecken. Er bevorzugt wärmere Gebiete und ist in Mitteleuropa vor allem in Süddeutschland heimisch. Die Weibchen sitzen oft auf den Blüten von Flockenblumen oder Disteln. Die Männchen fliegen umher, um frischgeschlüpfte Weibchen zu finden. Die Raupen leben im Grasland, wo sie auch überwintern.

Beschreibung

Merkmale ■ Familie der Edelfalter *(Nymphalidae)*, Flügel schwarzweiß gemustert, Unterseite mit Augenflecken, Spannweite 37–52 mm, Raupe grün oder sandfarben, fein behaart

Vorkommen ■ Waldwege, Waldränder, buschige Hänge

Nahrung ■ Raupen: Gräser; Falter saugen an Blüten

Fortpflanzung ■ Weibchen legen Eier an Pflanzen oder lassen sie über Grasland fallen, Raupe frisst nachts an Gräsern, überwintert dort, verpuppt sich im späten Frühjahr.

Feuersalamander

Salamandra salamandra

Beschreibung

Merkmale ■ Familie der Echten Salamander *(Salamandridae)*, gelb-schwarzes Muster auf der Rückseite, Körper 23 cm lang und 40 g schwer
Vorkommen ■ Uferbereich von kühlfeuchten Laub- und Mischwäldern
Nahrung ■ Asseln, Käfer, Schnecken, Regenwürmer, Larven von Wasserinsekten
Fortpflanzung ■ Paarung an Land, Weibchen setzt entwickelte, kiementragende Larven ins Wasser ab, die sich mehrfach häuten.
Lebensdauer ■ bis zu 25 Jahre

Der nachtaktive Feuersalamander, der auch *Feuermolch* oder *Erdmolch* genannt wird, ist an seiner auffälligen Färbung gut zu erkennen und über ganz Europa verbreitet. Er lebt vor allem in feuchten Laubwäldern mit Bachläufen. Hier entwickeln sich seine Larven. Er selbst versteckt sich tagsüber in Höhlen, unter Steinen und zwischen Baumwurzeln. Feuersalamander leben gern in Gesellschaft anderer Amphibien. Bei Gefahr geben sie giftige Sekrete über die Ohrdrüsen ab; auch die Hautsekrete dienen der Abwehr.

Bergmolch

Trituris alpestris

Der braungemusterte Bergmolch bevorzugt hügelige Landschaften mit gewässerreichen Wäldern. Außerhalb der Laichzeit ist er ein nachtaktives Landtier. Während der Paarung ist das Männchen am Rücken lebhafter gemustert und der flache Rückenkamm ist gelblich-schwarz getupft. Die Eier der Weibchen werden im Wasser an Pflanzen einzeln abgesetzt, die Larven gehen dann auf Jagd nach tierischer Beute und fressen Wasserasseln und Bachflohkrebse, manchmal auch eigene Arten. Da Bergmolche selten sind, dürfen sie wie alle heimischen Amphibien nicht gefangen werden.

Beschreibung

Merkmale ■ Familie der Echten Salamander *(Salamandridae)*, Rücken graubraun marmoriert, Bauch orange, Männchen 11 cm, Weibchen 8 cm lang

Vorkommen ■ Feuchte Wälder mit Laichgewässern

Nahrung ■ Würmer und Insekten, Larven von Wasserinsekten

Fortpflanzung ■ Weibchen befestigen Eier einzeln an Wasserpflanzen, Larven schlüpfen nach 2–4 Wochen und entwickeln sich im Wasser.

Lebensdauer ■ 15–32 Jahre

Erdkröte *Bufo bufo*

Beschreibung

Merkmale ■ Familie der Kröten *(Bufonidae)*, warziger graubrauner Rücken, Bauch heller, große Ohrendrüsen, Pupillen waagerecht, Männchen hellere Farbe, Körper bis 8 cm lang, Weibchen bis 15 cm
Vorkommen ■ Wälder, Gärten
Nahrung ■ Würmer, Insekten, Spinnen, Schnecken
Fortpflanzung ■ Weibchen verankern die Laichschnüre an Wasserpflanzen, Larven schlüpfen nach 2–3 Wochen, nach 2–3 Monaten fertig entwickelt.
Lebensdauer ■ 10–12 Jahre

Die Erdkröte ist wechselwarm und dämmerungsaktiv. Tagsüber ruht sie an geschützten Stellen. Wie andere Froschlurche wandert sie zur Laichzeit im März große Strecken bis zum Laichgewässer. Dabei sucht sich das Männchen eines der wesentlich größeren Weibchen, hält es umklammert und lässt sich auf deren Rücken tragen. Nebenbuhler werden weggestoßen. Erdkröten laichen gern in großen Gesellschaften und im stets gleichen Gewässer. Die häufigsten Krötenrufe dort sind Befreiungsrufe von Männchen, die irrtümlich von anderen Männchen umklammert wurden.

Kreuzkröte

Bufo calamita

Die Kreuzkröte lebt in offenen, sandigen Lebensräumen. Die Laichgewässer sind oft flache Kleinstgewässer, etwa in Kiesgruben. Durch die lauten Rufe mithilfe ihrer blau gefärbten Schallblase an der Kehle versuchen die Männchen, das Weibchen anzulocken. Dafür lassen die nachtaktiven Tiere ihr metallisches Rufen ab Ende März mehrere hundert Meter weit erklingen. Zur Paarung besteigt das Männchen den Rücken des Weibchens im Wasser. Die Kaulquappen entwickeln sich in den flachen Gewässern und sind nach wenigen Wochen zur Kröte gereift.

Beschreibung

Merkmale ■ Familie der Kröten *(Bufonidae)*, warziger brauner Rücken, gelbe Längslinie, Körper beim Männchen bis 7 cm lang, Weibchen bis 8 cm, Pupillen waagerecht elliptisch, Hinterbeine zu kurz zum Hüpfen
Vorkommen ■ Sand- und Kiesgruben, Steinbrüche, Felder
Nahrung ■ Würmer, Insekten, Spinnen, Schnecken
Fortpflanzung ■ Weibchen verankert Laichschnüre an Wasserpflanzen, Larven schlüpfen rasch und entwickeln sich nach wenigen Wochen zur Kröte.
Lebensdauer ■ 10–12 Jahre

Gemeine Geburtshelferkröte *Alytes obstetricans*

Beschreibung

Merkmale ■ Familie der *Alytidae*, warziger hellgrauer Rücken, zierliche Gestalt, Warzen an den Flanken, Bauch weißlich, Pupillen senkrecht spaltförmig, Körper bis 5 cm lang.
Vorkommen ■ Steinbrüche, Felsspalten, unter Steinen
Nahrung ■ Würmer, Schnecken, Kerbtiere
Fortpflanzung ■ Männchen tragen Laichschnüre am Hinterleib und entlassen die Kaulquappen zum Schlüpfen ins Wasser. Dort entwickeln sie sich erst im nächsten Jahr zur Kröte.
Lebensdauer ■ bis zu 14 Jahre

Die Geburtshelferkröte lebt als einziger Vertreter ihrer Familie in Mitteleuropa. Typisch für diesen Froschlurch ist, dass das Weibchen ihren Laich nicht in ein Gewässer ablegt, sondern das Männchen sich die Laichschnüre um den Hinterleib wickelt und mit sich trägt. Sobald sich die Larven entwickelt haben, sucht es ein Gewässer auf und lässt die Kaulquappen schlüpfen. Die Geburtshelferkröte lebt einzelgängerisch, ist nachtaktiv, kann laufen, springen und graben und ruht tagsüber geschützt in Spalten und unter Steinen. Aufgrund des hellen Ruftones wird das Tier mancherorts auch *Glockenfrosch* genannt.

Europäischer Laubfrosch *Hyla arborea*

Der grasgrüne Europäische Laubfrosch, der sich mit seiner Färbung auch an den Untergrund anpassen kann, trägt an den Zehen Haftscheiben, mit denen er überall guten Halt findet. So klettert er gern und sonnt sich tagsüber auch auf erhöhten Positionen. Nachts fängt er Fluginsekten. Das Männchen gibt meist im Chor anhaltende Laute von sich, indem es seine kehlständige Schallblase zum Verstärken fast bis auf Körpergröße aufbläst. Damit lockt es im Frühling das Weibchen zu den Laichgewässern. Nähert sich ein Weibchen, ersteigt das Männchen deren Rücken und hält sich daran bis zum Ablaichen fest.

Beschreibung

Merkmale ■ Familie der Laubfrösche *(Hylidae)*, hellgrüner glatter Rücken, braune Seitenlinie vom Nasenloch bis zur Hüfte, Hände braun, Bauch weißlich gekörnt, Pupillen senkrecht spaltförmig, Körper bis 5 cm lang

Vorkommen ■ Buschbestände, Waldränder, Schilf und Grasland

Nahrung ■ Würmer, Schnecken, Insekten

Fortpflanzung ■ Weibchen entlassen Laichballen, die das Männchen sofort besamt, ins Wasser. Kaulquappen entwickeln sich über mehrere Stadien zum Frosch.

Lebensdauer ■ bis zu 10 Jahre

Grasfrosch

Rana temporaria

Beschreibung

Merkmale ■ Familie der Echten Frösche *(Ranidae)*, rotbraun bis schwarzbrauner Rücken, unterschiedlich gemustert, keine äußere Schallblase, Körper 7–10 cm lang
Vorkommen ■ Wälder, Wiesen, Moore
Nahrung ■ Würmer, Schnecken, Insekten
Fortpflanzung ■ Weibchen laichen im flachen Wasser in Laichballen. Kaulquappen entwickeln sich über mehrere Stadien zum Frosch.
Lebensdauer ■ bis zu 18 Jahre

Der Grasfrosch tritt in Farbe und Muster sehr vielfältig auf: von gelbbraun bis oliv, rötlich bis schwarz. Nur grasgrün ist er nicht, obwohl man dies mit seinem Namen verbinden könnte. Der Sammelbegriff „Braunfrösche", zu denen er mit einigen anderen Arten zählt, trifft da besser zu. Den Winter verbringen die Tiere in Winterstarre und ziehen im Frühling zu ihren Laichgewässern, wo die Männchen unter Ausstoßen von dumpfen Rufen nach den Weibchen Ausschau halten. Haben sie ein Weibchen entdeckt, setzen sie sich auf dessen Rücken und besamen die Laichballen der Weibchen, die aus bis zu 4000 Eiern bestehen können.

Zauneidechse *Lacerta agilis*

Die Zauneidechse lebt auf trockenem Land und sonnt sich gerne auf Steinen. So erwärmt sich das Tier, um nach Insekten oder Würmern zu jagen. Im Herbst, sobald die Temperaturen kühler werden, zieht es sich zum Überwintern in Erdhöhlen und Spalten zurück. Im Frühjahr zur Paarung häutet sich das Männchen zu einem leuchtend grünen Reptil. Findet es ein Weibchen, dann verbeißt es sich zunächst in den Schwanz, dann in die Flanke, um es zu besamen. Zauneidechsen können ihren Schwanz an Sollbruchstellen abwerfen, falls Gefahr droht. Ein etwas kürzerer Schwanz wächst dann nach.

Beschreibung

Merkmale ■ Familie der Echten Eidechsen *(Lacertidae)*, Körper 24 mm lang, Oberkopf abgeplattet, Körper gedrungen, Oberseite brauner Mittelstreifen, während der Paarungszeit Männchen leuchtend grünlich
Vorkommen ■ trockenes, sonniges, offenes Gelände
Nahrung ■ Insekten, Spinnen, Regenwürmer
Fortpflanzung ■ Weibchen legen nach der Besamung die Eier in Sandlöcher oder warme Gruben. Nach 60 Tagen schlüpfen die Jungen.
Lebensdauer ■ ca. 6 Jahre

Blindschleiche

Anguis fragilis

Beschreibung

Merkmale ■ Familie der Schleichen *(Anguidae)*, Körper bis 50 cm lang, schlangenartig, braun, glattschuppig, Kopf echsenartig
Vorkommen ■ Wälder, Wiesen, Moore
Nahrung ■ Insekten, Schnecken, Würmer, Spinnen
Fortpflanzung ■ Weibchen trägt nach der Paarung die Jungen aus, die nach 3 Monaten lebend in kleinen Dotterhüllen geboren werden.
Lebensdauer ■ bis zu 50 Jahre

Die Blindschleiche ist eine Echsenart, auch wenn ihr Körper dem einer Schlange gleicht, denn ihre Extremitäten sind vollständig zurückgebildet. Außerdem ist sie trotz ihres Namens nicht blind. Sie gehört zu den Schleichen, deren Schwanz leicht abbricht, besitzt bewegliche Augenlider, äußere Gehöröffnungen und muss zum Züngeln den Mund leicht öffnen. Ihre glatten Schuppen glänzen. Sie lebt an Hecken oder dichten Laubwäldern, an Mooren oder in der Heide. Den Winter verbringt sie in Kältestarre und sucht sich frostsichere Verstecke.

Ringelnatter *Natrix natrix*

Die Ringelnatter ist weit verbreitet, lebt an Gewässern und ernährt sich von Amphibien. Ihre Beute erzüngelt sie mit dem Jacobson-Organ, ihrem Riechorgan, und schlingt sie nach und nach hinunter. Die Ringelnatter ist ungiftig und beißt sehr selten. Sie ist tagaktiv und kann gut schwimmen und tauchen. Im Winter zieht sie sich in geschützte Quartiere zurück, in Baue von Kleinsäugern oder in Hohlräume im Boden. Im April beginnt die Paarungszeit, dann werben bis zu zwanzig Männchen um ein Weibchen. Der Name Ringelnatter bezieht sich auf die Halsmusterung, die einem Ring ähnelt.

Beschreibung

Merkmale ■ Familie der Nattern *(Colubridae)*, Körper bei Männchen bis 75 cm, bei Weibchen bis 150 cm lang, Körper dunkel bis schwarz, halbmondförmige Flecken hinter dem Kopf
Vorkommen ■ an langsam fließenden Gewässern
Nahrung ■ Amphibien, Eidechsen, Kleinsäuger
Fortpflanzung ■ Weibchen legt nach der Paarung die Eier in organische Stoffe, die bei der Verrottung Wärme abgeben. Die Jungen schlüpfen nach 8–10 Wochen.
Lebensdauer ■ ca. 9 Jahre

Kreuzotter

Vipera berus

Beschreibung

Merkmale ■ Familie der Vipern *(Viperidae)*, Körper 50–70 cm lang, Körper hellbraune Grundfarbe mit braunem bis schwärzlichem Zickzackband auf dem Rücken, Bauch dunkel, Pupillen senkrecht

Vorkommen ■ Wälder, Heiden, Moore, Wiesen

Nahrung ■ Mäuse, Vögel, Frösche

Fortpflanzung ■ Das Weibchen brütet nach der Paarung die Eier im Mutterleib aus. Kurz vor oder nach der Geburt durchstoßen die Jungtiere die dünne Dotterhaut.

Lebensdauer ■ bis zu 25 Jahre

Die scheue Kreuzotter ist eine mittelgroße Giftschlange, die ihren Opfern auflauert, sie mit ihrem Giftbiss lähmt und mit dem Kopf voran verschlingt. Für Menschen ist ein einzelner Biss nicht tödlich, aber Kinder und ältere Menschen sind ernsthaft gefährdet. Die Kreuzotter ist tagaktiv: Morgens und abends badet sie in der Sonne, um sich aufzuwärmen. Dabei kann sie die Rippen extrem abspreizen, um den Körper zu verbreitern. Im Herbst zieht sie sich in Felsspalten oder Erdhöhlen zurück, auch in Gruppen mit anderen Reptilien, wo sie in Kältestarre den Winter überbrückt.

Kranich

Grus grus

Der Kranich mit seiner vornehmen Erscheinung taucht in zahlreichen Mythologien auf. In China steht er für Weisheit, in Japan für Langlebigkeit. Bei uns gilt er mit seinen langen Beinen, dem langen Hals und dem schwarz-weiß gezeichneten Kopf als elegant und erhaben. Im Herbst fliegen die Tiere in Keilformation über bestimmte Zugwege nach Süden und stimmen sich dabei mit Lautsignalen ab. Auch zur Balz trompeten sie laut oder während der Brutzeit, um vor Gefahren zu warnen. Sie vollführen ausgeprägte Balztänze, sind ansonsten aber eher scheu.

Beschreibung

Merkmale ■ Familie der Kraniche *(Gruidae)*, lange Beine und Hals, schwarz-weiße Kopf- und Halszeichnung, Körper grau, 110–130 cm hoch, buschiges Hinterteil, Flügelspannweite bis 2,45 m

Vorkommen ■ Sumpf- und Moorlandschaften; Zugvogel in den Mittelmeerraum

Nahrung ■ Insekten, Würmer, Beeren, Eicheln, Getreide

Fortpflanzung ■ Zwischen April und Juli brüten beide Eltern im Bodennest 2 Eier etwa 30 Tage, bis die Nestflüchter schlüpfen; flügge nach 9 Wochen.

Lebensdauer ■ bis zu 20 Jahre

Graureiher

Ardea cinerea

Beschreibung

Merkmale ▪ Familie der Reiher *(Ardeidae)*, Körper grau, knapp 1 m hoch, grau-weißer Hals und Kopf, schwarze Augenbinde, drei lange Schopffedern, weißer Bauch, Spannweite 1,75–1,95 m
Vorkommen ▪ Seeufer, Schilfgürtel, an Teichen und Flüssen
Nahrung ▪ Fische, Frösche, Molche, Schlangen, Wasserinsekten, Ratten, Schermäuse
Fortpflanzung ▪ Zwischen April und August brüten beide Eltern im Nest 4–5 Eier etwa 27 Tage aus, Junge sind nach 50 Tagen flügge.
Lebensdauer ▪ bis zu 20 Jahre

Der Graureiher sucht seine Nahrung alleine, seltener in lockeren Schwärmen. Dabei durchschreitet er langsam das seichte Wasser und fischt nach Fischen, Molchen oder anderem Getier. Ist das Nahrungsangebot knapp, verteidigt er sein Territorium energisch, ebenso während Brut und Aufzucht der Jungvögel. Graureiher leben monogam zusammen, bauen sich gemeinsam ein Nest aus Reisig auf hohen Bäumen, gerne in Kolonien, wo allerdings oft und heftig unter den Vögeln gestritten wird. Sind die Jungvögel geschlüpft, füttern beide Eltern die Nestlinge, von denen jedoch nur ein Drittel überlebt.

Schwarzstorch *Ciconia nigra*

Der Schwarzstorch ist neben dem Weißstorch der einzige Storch in Europa. Er lebt als scheuer Einzelgänger an Gewässern alter, dichter und sumpfiger Wälder. Sein schwarzes Gefieder schimmert metallisch, seine Bauchseite ist weiß. Anders als der Weißstorch kann er nicht nur mit dem Schnabel klappern, sondern auch rufen und singen. Während der Balz, in Gefahrensituationen und zur Kommunikation greift er auf ein breites Lautrepertoire zurück. Er ist sehr scheu und meidet menschliche Siedlungen. Im Herbst zieht er ins tropische Afrika, wo er überwintert.

Beschreibung

Merkmale ■ Familie der Störche *(Ciconiidae)*, Körper schwarz, Bauch weiß, Schnabel und Beine rot, knapp 1 m hoch, Spannweite bis 2 m, Jungvögel bräunlich

Vorkommen ■ dichte Wälder; Zugvogel nach Afrika

Nahrung ■ Fische, Frösche, Molche, Kröten, Ringelnattern, Mäuse, Ratten

Fortpflanzung ■ Ab April werden im Nest meist 4 Eier ca. 38 Tage ausgebrütet, Junge sind nach ca. 60 Tagen flügge.

Lebensdauer ■ bis zu 18 Jahre

Weißstorch

Ciconia ciconia

Beschreibung

Merkmale ■ Familie der Störche *(Ciconiidae)*, Federn weiß mit schwarzen Schwungfedern, Schnabel und Beine rot, 80–100 cm hoch, Spannweite bis 2 m

Vorkommen ■ feuchte Niederungen, auf Häusern; Zugvogel nach Afrika

Nahrung ■ Amphibien, Mäuse, Insekten

Fortpflanzung ■ Nach der Paarung zwischen April und Juli brüten beide Eltern im Nest 3–5 Eier ca. 32 Tage aus, Junge sind nach 58–64 Tagen flügge.

Lebensdauer ■ bis zu 25 Jahre

Bekannt ist der Weißstorch durch sein Schnabelklappern, weshalb er auch Klapperstorch genannt wird. Sein Nest (Horst) baut er gern auf einem Hausdach in der Nähe reicher Nahrungsgründe und bleibt diesem Jahr für Jahr treu. Der Nestbau ist nie abgeschlossen, sodass der Horst bis zu zwei Tonnen wiegen kann. Durch die Veränderung der Landschaften nimmt die Vielfalt seiner Jagdgründe ab und einst zahlreiche bewohnte Horste verwaisen nun zunehmend. Im August bricht der Storch zu seinen Winterquartieren in Afrika auf und überwindet dabei etwa 10 000 km.

Höckerschwan

Cygnus olor

Der halbdomestizierte Höckerschwan ist der größte heimische Wasservogel und auf vielen Teichen, Seen und Flüssen zu Hause, wo er ständig nach Nahrung sucht. Seinen Namen verdankt das Tier dem schwarzen Höcker am Schnabelansatz. Einmal im Jahr mausert er sich und ist dann für fast 8 Wochen flugunfähig. Schwäne binden sich ein Leben lang, bauen das Nest in Ufernähe und verteidigen es gegen jegliche Eindringlinge. Die Küken werden oft zwischen den Schwingen auf dem Rücken getragen. Bis zum Winter bleiben sie im Familienverband.

Beschreibung

Merkmale ■ Familie der Entenvögel (*Anatidae*), weißes Federkleid, Hals s-förmig gebogen, Schnabel orangerot mit schwarzer Basis und schwarzem Höcker, Füße und Beine schwarz, 160 cm lang, Küken graubraun
Vorkommen ■ Seen, Teiche, Flüsse, Parklandschaften; Standvogel
Nahrung ■ Wasserpflanzen, Kleintiere, Muscheln
Fortpflanzung ■ Paarung an Land, ab April brüten beide Eltern im Nest 5–8 Eier bis 41 Tage aus, Junge bleiben bis zum Winter in der Familie.
Lebensdauer ■ bis zu 20 Jahre

Graugans

Anser anser

Beschreibung

Merkmale ■ Familie der Entenvögel *(Anatidae)*, hellgraues Federkleid, streifige Anordnung der Federn, Schnabel und Beine blassorangefarben, Unterseite weiß, Körper 75–90 cm lang, Küken olivbraun
Vorkommen ■ an Seen und Flüssen; Zugvogel
Nahrung ■ Gräser, Kräuter, Mais, Wasserpflanzen
Fortpflanzung ■ Weibchen brütet ab April im Nest 4–9 Eier bis 20 Tage aus, Jungen bleiben bis zur nächsten Brut in der Familie.
Lebensdauer ■ ca. 4 Jahre

Wie die Hausgans gibt die Graugans das typische „ga-ga-ga" von sich, hat aber ein breiteres Lautrepertoire. Das tag- und nachtaktive Tier brütet in Mittel- und Nordeuropa und überwintert an der Westküste der Iberischen Halbinsel, an den Küsten Algeriens, Tunesiens oder der Adria. Ihren Brutplatz legt es gern in den Riedgürtel von Seen oder in Flussauen. Graugänse sind sehr partnertreu. Das Weibchen bebrütet die Eier, während das Männchen die Umgebung bewacht. Beide Eltern versorgen dann die Jungtiere und nehmen sie mit ins Winterquartier. Dorthin fliegen sie in großer Gemeinschaft in typischer Keil- oder Linienformation.

Stockente

Anas platyrhynchos

Die Stockente ist die Stammform der Hausente und die am häufigsten vorkommende heimische Schwimmente. Besonders die Männchen sind zur Brutzeit an dem metallisch-grün schimmernden Kopf, dem weißen Halsring und dem gelben Schnabel gut zu erkennen. Die Stockente gründelt auf langsam fließenden Gewässern, sucht dabei nach Kleintieren und Pflanzen. Ihr Federkleid besteht aus rund 10 000 Daunen und Deckfedern, die sie mit Fett aus der Bürzeldrüse gegen Nässe einstreicht. Bekannt ist der Ruf „waak-waak" der Stockente, zu dem sich während der Balz weitere Rufe des Männchens gesellen.

Beschreibung

Merkmale ■ Familie der Entenvögel *(Anatidae)*, Männchen grauer Körper, weißer Halsring, metallisch grüner Kopf, gelber Schnabel, Unterseite hell, Weibchen grau mit graubraunem Schnabel, bei beiden blauer Flügelspiegel, Körper 58 cm lang

Vorkommen ■ an Seen und Flüssen; Standvogel

Nahrung ■ Samen, Früchte, Wasserpflanzen, Weichtiere, Larven, Krebse, Kaulquappen

Fortpflanzung ■ Weibchen brütet ab April im Nest 7–11 Eier bis 30 Tage aus.

Lebensdauer ■ ca. 3 Jahre

Seeadler *Haliaeetus albicilla*

Beschreibung

Merkmale ■ Familie der Habichtartigen *(Accipitridae)*, Körper dunkelbraun, bis 95 cm lang, Kopf hell, großer gelber Schnabel, kurzer, weißer keilförmiger Schwanz, Flügelspannweite 1,90–2,45 m, Weibchen schwerer und größer
Vorkommen ■ an Seen und Flüssen; Standvogel
Nahrung ■ Fische, Wasservögel, Aas
Fortpflanzung ■ Beide Eltern erbrüten in großen Horsten meist 2 Junge in ca. 38 Tagen. Nach ca. 90 Tagen können sie kurze Strecken fliegen.
Lebensdauer ■ bis zu 30 Jahre

Der Seeadler ist der größte Greifvogel Europas, wo er in gewässerreichen Landschaften lebt. Zur Balz ist sein Rufen weithin zu hören und er vollführt beeindruckende Balzflüge. Der Seeadler lebt in Dauerehe und errichtet gewaltige Horste in alten Bäumen oder Felswänden. Während der Futtersuche beobachtet er von einer Sitzwarte aus oder fliegt über das Wasser, bis er ein Opfer findet und ergreift. Aber auch Aas, kranke oder verunfallte Tiere und Kadaver gehören zu seiner Nahrung. Sein Bestand ist im letzten Jahrhundert stark zurückgegangen und erholt sich nun langsam wieder.

Steinadler *Aquila chrysaetos*

Der Steinadler war früher in Europa in allen offenen Landschaften weit verbreitet, wurde aber derart verfolgt und zurückgedrängt, dass er heute nur noch in Gebirgsgegenden zu finden ist. Er ist etwas kleiner als der Seeadler, trägt ein braunes Kleid und einen goldbraunen Oberkopf, weshalb er früher auch *Goldadler* hieß. Wenn der Steinadler jagt, dann gleitet er bodennah über Kuppen und Hänge und erlegt seine Opfer, die bis zu 15 kg wiegen können, indem er die kräftigen Krallen in sie schlägt. Er wird erst mit sechs Jahren geschlechtsreif und führt dann eine monogame Dauerehe.

Beschreibung

Merkmale ■ Familie der Habichtartigen *(Accipitridae)*, Körper dunkelbraun, Kopf goldfarben, Schnabel hell, Körper 90 cm lang, Flügelspannweite 1,90–2,10 m, Weibchen schwerer und größer
Vorkommen ■ offene und halboffene Landschaften; Standvogel
Nahrung ■ kleine bis mittelgroße Säugetiere, Reptilien, Aas
Fortpflanzung ■ Weibchen erbrütet meist 2 Junge in ca. 38 Tagen. Das Männchen versorgt sie mit Futter. Nach 5 Monaten verlassen sie das Revier der Eltern.
Lebensdauer ■ bis zu 20 Jahre

Rotmilan

Milvus milvus

Beschreibung

Merkmale ■ Familie der Habichtartigen *(Accipitridae)*, Gefieder rötlich, Kopf und Nacken hell, Schwanz rötlich und gegabelt, Schnabel an der Basis gelb, Körper 90 cm lang, Flügelspannweite 150–180 cm
Vorkommen ■ offene und halboffene Landschaften; Stand- und Zugvogel
Nahrung ■ kleine Säugetiere, Vögel
Fortpflanzung ■ Weibchen erbrütet 2–3 Junge in ca. 30 Tagen. Das Männchen versorgt es mit Futter. Nach 50 Tagen erste Ausflüge.
Lebensdauer ■ bis zu 25 Jahre

Der Rotmilan lebt im Gegensatz zum Schwarzmilan fast ausschließlich in Europa und wird aufgrund seines tiefroten gegabelten Schwanzes, den er während des Fluges zeigt, auch *Gabelweihe* genannt. Sein Ruf ist weniger auffällig als der des Schwarzmilans. Mit ihm brütet er oftmals in der Nachbarschaft, ist aber weniger als dieser an Wasser gebunden. Er jagt im offenen Kulturland, Grasland und auf Viehweiden nach Mäusen, Maulwürfen oder Vögeln. Außerhalb der Brutzeit ist der Rotmilan recht gesellig und zeigt nur geringes territoriales Verhalten.

Mäusebussard

Buteo buteo

Der Mäusebussard ist der häufigste habichtartige Greifvogel in Europa. Ganzjährig, vor allem aber während der Brutzeit, ist sein langgezogenes Rufen zu hören. Er brütet in kleinen Waldgebieten und jagt in angrenzenden offenen Landschaften. Dort wartet er auf seinem Sitz und sucht nach Kleinsäugern und Reptilien oder segelt im Aufwind über sein Revier, wobei er auch das typische „Rütteln" der Greifvögel zeigt – ein „Stehenbleiben" in der Luft. Sein Nest baut er im Baumwipfel. Außerhalb der Brutsaison lebt der Mäusebussard in losen Gruppen, sucht nach Nahrung und zieht sich zum Schlafen auf Bäume zurück.

Beschreibung

Merkmale ■ Familie der Habichtartigen *(Accipitridae)*, Gefieder dunkelbraun, Unterseite weißlich und leicht quer gebändert, Kopf rund, Hals kurz, kompakte Gestalt, Körper 51–57 cm lang, Flügelspannweite 112–130 cm

Vorkommen ■ offenes Kulturland, Wälder, Feldgehölze; Standvogel oder Teilzieher

Nahrung ■ kleine Säugetiere, Vögel, Reptilien

Fortpflanzung ■ Beide Eltern erbrüten 2–3 Junge in ca. 35 Tagen. Nach 50 Tagen erste Ausflüge.

Lebensdauer ■ bis zu 20 Jahre

Wespenbussard

Pernis apivorus

Beschreibung

Merkmale ■ Familie der Habichtartigen *(Accipitridae)*, Oberseite braun, Unterseite heller, mehrere Querbinden, langflügeliger und langschwänziger als der Mäusebussard, Körper 50–60 cm lang, Flügelspannweite 118–144 cm
Vorkommen ■ lichte Wälder, Feldgehölze; Zugvogel ins tropische Afrika
Nahrung ■ Larven und Puppen der Wespen
Fortpflanzung ■ Beide Eltern erbrüten ab Mai 2 Junge in ca. 34 Tagen. Nach ca. 40 Tagen erste Ausflüge.
Lebensdauer ■ bis zu 28 Jahre

Der Wespenbussard, der etwa so groß wie der Mäusebussard ist, bekam seinen Namen durch seine Nahrungsvorliebe: die Larven und Puppen der staatenbildenden Wespen. Nach deren Erdnestern gräbt er mit seinen dick beschuppten Beinen und Krallen und trägt sie dann zum Nest. Sein Schnabel ist hervorragend angepasst, Larven aus Waben zu ziehen. Zum Schutz vor Stichen sind seine Nasenlöcher schmal und sein Kopfgefieder ist steif und schuppenartig. Der Wespenbussard lebt in leicht bewaldeten Landschaften, wo er ausgiebig segelt und kreist. Sein Nest baut er im hohen Baum.

Habicht

Accipiter gentilis

Das Weibchen des Habichts ist etwa so groß wie ein Bussard, das Männchen deutlich kleiner. Beide sitzen zum Jagen auf einem erhöhten Posten und halten nach Reptilien, Kaninchen, Mäusen oder Vögeln Ausschau. Ihre Beute fangen sie in einem bodennahen Flug, nutzen dabei Hecken und Büsche zur Deckung. Ihr Territorium verteidigen sie mit lauten Rufen, Schauflügen und selten mit Angriffen. Die Paare leben monogam, bauen große Horste auf hohen, alten Bäumen, in denen das Weibchen die Jungen ausbrütet.

Beschreibung

Merkmale ■ Familie der Habichtartigen *(Accipitridae)*, Gefiederoberseite braun, -unterseite hell und deutlich gebändert, langer Schwanz, Körper 45–65 cm lang, Flügel kurz, breit und abgerundet, Spannweite 89–122 cm
Vorkommen ■ Wälder, Buschlandschaften; Standvogel
Nahrung ■ kleine bis mittelgroße Vögel und Kleinsäuger
Fortpflanzung ■ Weibchen erbrütet ab März 2–5 Junge in ca. 35 Tagen. Nach weiteren 40 Tagen erste Ausflüge.
Lebensdauer ■ bis zu 22 Jahre

Sperber

Accipiter nisus

Beschreibung

Merkmale ■ Familie der Habichtartigen *(Accipitridae)*, Gefieder beim Weibchen braun, beim Männchen blaugrau, Unterseite hell und gebändert („gesperbert"), langer Schwanz, Körper 35–41 cm lang, Flügel kurz und breit, Spannweite 67–80 cm
Vorkommen ■ Wälder, Buschlandschaften; Standvogel oder Teilzieher
Nahrung ■ kleine bis mittelgroße Vögel
Fortpflanzung ■ Weibchen erbrütet ab März 4–6 Junge in ca. 30 Tagen. Nach ca. 35 Tagen erste Ausflüge.
Lebensdauer ■ bis zu 15 Jahre

Der Name des Sperbers ist eine Verkürzung von „Sperlingsadler" und bedeutet „kleiner Adler". Er lebt in Wäldern, baut seine Nester gerne in Nadelbäumen und hält nach anderen Vögeln, die er als Beute verzehrt, Ausschau. Heute sind Sperber auch in Parks oder auf Friedhöfen zu finden. Das Weibchen des Sperbers ist fast doppelt so groß und schwer wie das Männchen, das dem Weibchen regelmäßig Beute übergibt, dabei aber den direkten Kontakt meidet. Während der Brutzeit versorgt das Männchen das Weibchen und später die Nestlinge mit Nahrung

Turmfalke

Falco tinnunculus

Der Turmfalke ist der häufigste heimische Falke. Seinen Namen erhielt er nach der Gewohnheit, auf Türmen zu nisten. Typisch sind sein hell klingender Ruf und sein Rüttelflug. Sucht er nach Beute, steht er in der Luft und rüttelt, sodass er Auftrieb erzeugt und nicht an Höhe verliert. Im Sturzflug holt er sich dann seine Beute, greift sie und tötet sie mit einem Biss in den Nacken. Als Kulturfolger nistet er auch in großen Städten in Nischen, auf Masten oder in Kirchtürmen, baut jedoch kein Nest, sondern nutzt auch gern verlassene Nester anderer Vogelarten. Nur jeder zweite Jungvogel überlebt das erste Lebensjahr.

Beschreibung

Merkmale ■ Familie der Falkenartigen *(Falconidae)*, Weibchen rotbrauner Rücken und Kopf, Männchen grauer Kopf und graue Schwanzfedern, langer Schwanz mit schwarzer Endbinde, Körper 34 cm lang, Flügelspannweite bis 75 cm

Vorkommen ■ Kultur- und Buschlandschaften; Standvogel oder Teilzieher

Nahrung ■ Wühlmäuse, Mäuse, Eidechsen, Singvögel

Fortpflanzung ■ Weibchen erbrütet ab April 3–6 Junge in ca. 27 Tagen. Nach ca. 30 Tagen erste Ausflüge.

Lebensdauer ■ bis zu 21 Jahre

Wanderfalke

Falco peregrinus

Beschreibung

Merkmale ■ Familie der Falkenartigen *(Falconidae),* Oberseite dunkelblau bis grau, Unterseite hell mit dunklen Querbändern, schwarzer Backenbart, Körper bis 50 cm lang, Flügel spitz, Spannweite bis 114 cm
Vorkommen ■ Felswände, Steilküsten; Standvogel
Nahrung ■ Wühlmäuse, Mäuse, Eidechsen, Singvögel
Fortpflanzung ■ Weibchen erbrütet ab April 3–4 Junge in ca. 30 Tagen. Nach ca. 35 Tagen erste Ausflüge.
Lebensdauer ■ bis zu 17 Jahre

Der Wanderfalke ist die Vogelart, die außer in der Antarktis, überall auf der Welt lebt. Er bewohnt gerne gebirgige Landschaften, brütet in Felsen und jagt im freien Luftraum. Mit seinen rasanten Sturzflügen in hoher Geschwindigkeit erbeutet er Vögel bis zur Größe einer Taube oder er nähert sich ihnen von hinten oder unten. In unseren Breiten leben Wanderfalken ganzjährig in ihren Revieren. Noch vor der Brut im Frühjahr versorgt das Männchen sein Weibchen mit Futter und sucht geeignete Brutplätze, kratzt dort eine Mulde oder nutzt verlassene Nester. Das Weibchen brütet die Eier aus.

Wachtel

Coturnix coturnix

Dieser kleinste heimische Hühnervogel lebt gern verborgen in der Krautschicht und ist selten zu sehen. Manchmal ist sein typischer Revierruf (Wachtelschlag) zu hören. Die Wachtel lebt am Boden, brütet in trockenen Wiesen, auf Ackerland oder in Steppen. Sie ist sehr stark bejagt worden und ihre Bestände in der Natur gehen heute trotz Schutz ständig zurück. Im Winter zieht sie in den Mittelmeerraum oder nach Afrika. Zur Brutzeit verpaaren sich die Männchen mit jedem verfügbaren Weibchen. Als Nutz- und Heimtiere werden andere Wachtelarten gehalten.

Beschreibung

Merkmale ■ Familie der Fasanenartigen *(Phasianidae)*, graubraunes Federkleid mit roten und schwarzen Streifen, Kehle beim Männchen dunkel, beim Weibchen weiß, kleiner, gebogener Schnabel, Körper 15–20 cm
Vorkommen ■ Flächen mit geschlossener Krautschicht; Zugvogel
Nahrung ■ Insekten, Samen
Fortpflanzung ■ Weibchen erbrütet in einer flachen Mulde ab Mai 7–14 Junge in 20 Tagen, die nach 19 Tagen flugfähig sind.
Lebensdauer ■ bis zu 11 Jahre

Fasan

Phasianus colchicus

Beschreibung

Merkmale ■ Familie der Fasanenartigen *(Phasianidae)*, lange Schwanzfedern, Weibchen bräunlich, Männchen an Kopf und Hals glänzend dunkelgrün, Körper kupferbraun, rote nackte Kopfseiten, Körper 70–90 cm, davon 45–60 cm Schwanz
Vorkommen ■ Flächen mit Krautschicht; Standvogel
Nahrung ■ Sämereien, Beeren, Insekten, Kleintiere
Fortpflanzung ■ Weibchen erbrütet ab April 8–12 Junge in ca. 24 Tagen, die nach 12 Tagen flügge sind.
Lebensdauer ■ bis zu 7 Jahre

Der Fasan, der ursprünglich aus Asien kommt, lebt im Kulturland mit genügend Deckung und auch in lichten Wäldern. Er schreitet mit langen Schritten und fliegt kurze Strecken, wenn er aufgescheucht wird. Das Männchen, das über zahlreiche verschiedene Rufe verfügt, trägt ein farbenprächtiges Gefieder und lebt während der Brutzeit meist mit ein bis zwei Hennen zusammen, die alleine die Eier ausbrüten und die Jungvögel führen. Zum Schlafen zieht er sich gern auf Bäume zurück.

Ringeltaube

Columba palumbus

Die Ringeltaube ist die größte heimische Taube. Charakteristisch sind ihre weißen Flügelbänder, der weiße Halsfleck und auch ihr Gurren (ru-kuu-ku, ru-ku), das selbst im Märchen *Aschenputtel* erwähnt wird. Die Tauben sind heute auch in Städten zu Hause, nisten dabei aber nicht allzu entfernt von Nahrungsplätzen. Sie suchen am Boden oder auf Bäumen nach Eicheln, Bucheckern, Blättern oder Knospen. Ringeltauben zählen zu den häufigsten Brutvögeln Europas, obwohl sie in vielen Ländern intensiv bejagt werden.

Beschreibung

Merkmale ■ Familie der Tauben *(Columbidae)*, graublau mit weißem Halsfleck, weißes Flügelband im Flug, Körper 38–43 cm, Flügelspannweite 68–77 cm
Vorkommen ■ Wälder, Parks, Alleen, Friedhöfe; Teilzieher nach West- und Südwesteuropa
Nahrung ■ Samen, Früchte, Gräser, Schildläuse
Fortpflanzung ■ Von April bis September werden mit 2–3 Jahresbruten auf Bäumen oder in Nischen und auf geschützten Vorsprüngen 2 Junge in ca. 17 Tagen erbrütet.
Lebensdauer ■ bis zu 17 Jahre

Stadttaube

Columba livia f. domestica

Beschreibung

Merkmale ■ Familie der Tauben *(Columbidae)*, Gestalt ähnlich der Felsentaube, Federkleid graublau bis schwarz-weiß, Iris rot oder braun, Körper 31–34 cm, Flügelspannweite 68 cm
Vorkommen ■ Städte der ganzen Welt; Standvogel
Nahrung ■ Pflanzensprossen, Samen, Schnecken, Würmer, Futtermischungen
Fortpflanzung ■ 3–5 Jahresbruten; von März bis September werden 2 Junge in ca. 16 Tagen erbrütet, die nach 22 Tagen flügge werden.
Lebensdauer ■ bis zu 8 Jahre

Die Stadttaube stammt von verwilderten Brieftauben ab, die aus den Felsentauben gezüchtet wurden, und lebt als Kulturfolger in den Städten. Sie ist kleiner als die Ringeltaube und trägt ein variables Federkleid von schwarz-weiß bis dunkelgrau gemustert. Durch ihre hohe Populationsdichte in den Städten gilt sie als Schädling, denn es ergeben sich allerhand Probleme: Taubenkot ist Nährboden für Pilze, die Gebäudefassaden angreifen. Auch kann sie Krankheiten wie Ornithose, Salmonellen oder Tuberkulose übertragen. Für die Stadttaube gilt deshalb an den meisten Orten ein Fütterungsverbot und an vielen Gebäuden werden Anflugsperren aufgebaut.

Kuckuck *Cuculus canorus*

Der etwa taubengroße Kuckuck ist durch seinen charakteristischen Ruf „gu-kuh" bekannt, der ihm zu seinem Namen verhalf, und auch dafür, dass er seine Eier verschiedenen Singvögeln zum Ausbrüten unterschiebt. Im Flug ähnelt er einem Sperber oder Turmfalken. Durch diese besondere Anpassung (Mimikry) vertreibt er die Wirtsvögel aus dem Nest, die seine Eier ausbrüten sollen. Innerhalb weniger Sekunden legt dann das Weibchen ein Ei, das oft größer als die anderen Eier ist, sich aber in der Musterung angleicht. Das Junge schlüpft meist vor den Jungen des Wirts und drängt andere Eier oder Jungvögel aus dem Nest. Seine Pflegeeltern füttern es instinktiv weiter.

Beschreibung

Merkmale ■ Familie der Kuckucke *(Cuculidae)*, Federkleid schiefergraubraun, die Schwanzfedern tragen helle Endsäume, Schwanz rund, Flügel spitz, Körper 32–34 cm, Flügelspannweite 55–60 cm

Vorkommen ■ Laubwälder, Parks; Zugvogel ins tropische Afrika

Nahrung ■ Insekten, Wanzen, Spinnen, Frösche und Kröten

Fortpflanzung ■ Weibchen legt etwa 9–15 Eier einzeln in Nester anderer Singvögel. Jungkuckucke verdrängen nach dem Schlüpfen die anderen Eier oder Küken und werden von den Wirtsvögeln gefüttert. Sie sind nach ca. 20 Tagen flügge.

Lebensdauer ■ bis zu 12 Jahre

Waldkauz

Strix aluco

Beschreibung

Merkmale ■ Familie der Eigentlichen Eulen *(Strigidae)*, Körper kompakt, braun bis graues Federkleid, kräftig gefleckt und gebändert, keine Federohren, Kopf rund, Gesichtsschleier dunkel umrahmt, Körper 40–42 cm, Flügelspannweite bis 90 cm
Vorkommen ■ Landschaften mit Baumbestand; Standvogel
Nahrung ■ Kleinsäuger, Vögel, Amphibien
Fortpflanzung ■ Von März bis Juni erbrütet das Weibchen 3–5 Junge in 30 Tagen, die nach 7 Wochen flügge sind.
Lebensdauer ■ bis zu 22 Jahre

Der Waldkauz, ein recht wendiger Flieger, ist eine der häufigsten Eulenarten in Mitteleuropa, da er sehr anpassungsfähig ist. Er lebt in allen baumreichen Landschaften, die sich mit offenen Flächen abwechseln. Sein Nest baut er in Baum- oder Felsenhöhlen, auf Dachböden oder in Mauerlöchern. In der Dämmerung und nachts geht er auf die Jagd nach Kleinsäugern, Vögeln und Amphibien. Das Männchen ruft vorwiegend zur Balzzeit in seinem Revier, das er ein Leben lang bewohnt, ein „hu-u“, das Weibchen ein „kuwit“. Waldkauzpaare führen eine monogame Dauerehe.

Waldohreule

Asio otus

Die Waldohreule ist eine der häufigsten Eulen in Europa und an ihren langen Federohren erkennbar, die sie auch anlegen kann. Sie lebt in offenem Gelände mit niedrigem Pflanzenwuchs und an Waldrändern, wo sie nachts geräuschlos fliegt und Mäuse erbeutet. Zur Balz imponiert das Männchen mit Flügen und Rufen, um sein Weibchen für die Paarung zu gewinnen. Die Paare leben dann monogam in einer Saisonehe. In verlassenen Nestern von Sing- oder Greifvögeln brütet das Weibchen 4–6 Eier aus. Die Nestlinge werden gehudert (gewärmt) und mit dem Futter, welches das Männchen bringt, gefüttert.

Beschreibung

Merkmale ■ Familie der Eigentlichen Eulen *(Strigidae)*, Körper schlank, hellbraun bis ockerfarben, schwarzbraun gestrichelt und gefleckt, große Federohren, Gesichtsschleier, Stirnbefiederung teilt das Gesicht, Körper bis 36 cm, Flügelspannweite bis 95 cm

Vorkommen ■ offene Kulturlandschaften, Waldränder; Standvogel

Nahrung ■ Mäuse, Sperlinge

Fortpflanzung ■ Von März bis Juni erbrütet das Weibchen in verlassenen Nestern anderer Vögel ca. 4–6 Junge in 28 Tagen, die 2 Monate gefüttert werden.

Lebensdauer ■ bis zu 27 Jahre

Uhu

Bubo bubo

Beschreibung

Merkmale ■ Familie der Eigentlichen Eulen *(Strigidae)*, Federkleid braun mit dunklen Längs- und Querzeichnungen, große Federohren, Augen orange, Weibchen deutlich größer, Körper bis 60 cm, Flügelspannweite bis 168 cm
Vorkommen ■ Mittelgebirge, Alpen, Kulturlandschaften; Standvogel
Nahrung ■ Raben, Krähen, Tauben, Schnecken, Regenwürmer
Fortpflanzung ■ Von Februar bis Juli erbrütet das Weibchen 2–4 Junge in ca. 35 Tagen, die nach 9 Wochen flügge sind.
Lebensdauer ■ bis zu 24 Jahre

Der Uhu ist die größte heimische Eule und größer als der Bussard. Er hat einen massigen Körper und große Federohren, seine Augen leuchten orangefarben. Seinen Namen erhielt er aufgrund des auffälligen Balzrufes „uh-hoo". Wie alle Eulen zählt der Uhu zu den streng geschützten Arten. An guten Brutplätzen, die er sich in Felswänden, Nischen oder in Steinbrüchen sucht, nistet er in mehreren Generationen. Findet er keine Felsenhöhle, dann nimmt er auch gerne verlassene Horste der Greifvögel. Tagsüber sitzt der Uhu auf seinen Ruheästen oder nimmt ein Sonnenbad.

Schleiereule *Tyto alba*

Die Schleiereule ist an ihrem hellen Federkleid und dem weißen herzförmigen Gesicht gut zu erkennen, das ihr auch den Namen gab. Sie gilt als Kulturfolger und brütet in Scheunen oder Kirchtürmen. Tagsüber sitzt sie versteckt auf ihren Ruheplätzen und geht nachts auf Jagd. Dabei ortet sie ihre Beute optisch und akustisch, wobei ihr Gesichtsschleier die Schallaufnahme verstärkt. Sie lebt einzelgängerisch bis zur Paarungszeit, dann lockt das Männchen mehrere Weibchen an und paart sich mit ihnen. Auch Weibchen verpaaren sich manchmal mit mehreren Männchen.

Beschreibung

Merkmale ■ Familie der Schleiereulen *(Tytonidae)*, Federkleid an Oberseite goldbraun, an Unterseite hell, heller herzförmiger Gesichtsschleier, Augen dunkel, Körper 33–35 cm, Flügelspannweite bis 95 cm

Vorkommen ■ Halboffene Landschaften; Standvogel

Nahrung ■ Raben, Krähen, Tauben, Schnecken, Regenwürmer

Fortpflanzung ■ Von März bis Juli erbrütet das Weibchen 4–7 Junge in ca. 30–40 Tagen, die nach 60 Tagen flügge sind.

Lebensdauer ■ bis zu 17 Jahre

Schwarzspecht

Dryocopus martius

Beschreibung

Merkmale ■ Familie der Spechte *(Picidae)*, Federkleid schwarz, roter Oberkopf beim Männchen, roter Hinterscheitel beim Weibchen, Augen und Schnabel hell, Körper bis 57 cm, Flügelspannweite bis 70 cm
Vorkommen ■ Buchenwälder, Mischwälder; Standvogel
Nahrung ■ Ameisen, Käfer, Larven
Fortpflanzung ■ Von April bis Juli erbrütet oft das Männchen 4–5 Junge in ca. 14 Tagen, die nach 28 Tagen flügge sind.
Lebensdauer ■ bis zu 14 Jahre

Der Schwarzspecht trägt seinen Namen zu Recht, denn sein Federkleid ist schwarz, nur der Scheitel ist rot befiedert. Typisch ist auch sein schnelles Trommeln an Revierbäumen, mit dem er sein Territorium definiert. Dabei kann er auch wuchtige Schläge ins Holz vollziehen und die Gänge seiner Hauptnahrung freilegen: holzbewohnende Ameisen. Er baut seine Bruthöhlen in dicken Rotbuchen und liefert dadurch anderen Tierarten Höhlen zum Wohnen und Brüten. Der Schwarzspecht gibt häufig ganz unterschiedliche Laute von sich, je nachdem, ob er seine Anwesenheit ausrufen will oder ein Konflikt besteht.

Buntspecht

Dendrocopus major

Der Buntspecht ist die häufigste heimische Spechtart, da er in seiner Nahrung wenig spezialisiert ist und alle Wälder bewohnt. Das etwa drosselgroße Tier ist auffallend schwarz, weiß und rot gefärbt. Typisch sind seine schnellen Klopfwirbel und die scharfen Rufe. Mit kräftigen Schnabelhieben legt er Larven und Insekten unter der Borke frei. Er frisst aber auch Samen oder knackt Nüsse und Zapfen, indem er sie in Spalten einklemmt und dann freihackt. Seine Bruthöhle zimmert er in weiche Hölzer. In der letzten Fütterungsphase zetern die Jungvögel ununterbrochen, weshalb man ihre Nester leicht finden kann.

Beschreibung

Merkmale ■ Familie der Spechte *(Picidae)*, weißer Bauch und Beine, roter Unterschwanz, beim Männchen roter Nacken, Oberkopf schwarz, Kopf und Flügel schwarz-weiß, Körper bis 23 cm, Flügelspannweite bis 39 cm

Vorkommen ■ Wälder, Parks, Gärten; Standvogel

Nahrung ■ Larven, Wirbellose, Wirbeltiere, Vogeleier, Samen und Beeren

Fortpflanzung ■ Von April bis Juli werden in Bruthöhlen 4–7 Junge in ca. 13 Tagen erbrütet, die nach 20–28 Tagen flügge sind.

Lebensdauer ■ bis zu 7 Jahre

Rauchschwalbe

Hirundo rustica

Beschreibung

Merkmale ■ Familie der Schwalben *(Hirundinidae)*, weißer Bauch, Kopf und Oberseite metallisch blau, rote Stirn und Kehle, lange Schwanzspieße, Körper bis 22 cm, Flügel bis 34 cm
Vorkommen ■ Dörfer, Stadtrand; Zugvogel in die Sahara
Nahrung ■ Fluginsekten
Fortpflanzung ■ Von Mai bis August werden in Lehmnestern 4–6 Junge in ca. 15 Tagen erbrütet, die nach 21 Tagen flügge sind.
Lebensdauer ■ bis zu 11 Jahre

Dieser Singvogel ist an seinem metallisch dunkelblauen Oberkleid und der rotbraunen Kehle und Stirn gut zu erkennen. Charakteristisch ist auch sein tief gegabelter Schwanz. Die Rauchschwalbe ähnelt der Mehlschwalbe, jagt aber in tieferen Luftschichten bei sieben bis acht Metern nach Insekten im Flug. Rauchschwalben leben im Grunde in monogamer Dauerehe, allerdings lassen sich die Weibchen gelegentlich auch von anderen Männchen befruchten und legen dem Gatten „Kuckuckseier“ ins Nest. Früher flogen die Tiere durch den offenen Rauchabzug ins Haus und erhielten so ihren Namen.

Feldlerche

Alauda arvensis

Die Feldlerche ist vor allem wegen ihres melodiösen Gesanges bekannt, den das Männchen im Fliegen mit viel Trillern und Zirpen über mehrere Minuten ertönen lässt. Das Weibchen singt viel leiser und nur am Boden. Hier brütet es auch die Eier in einem Nest aus, gut versteckt zwischen Gräsern und Bodenpflanzen. Die Nestlinge werden von der Mutter noch 5 Tage gehudert (gewärmt) und dann von beiden Eltern gefüttert. Oft werden die Tiere dabei von landwirtschaftlichem Gerät gestört oder durch schnellwachsendes Getreide beim Anfliegen behindert.

Beschreibung

Merkmale ■ Familie der Lerchen *(Alaudidae)*, Oberseite braun, Hals und Brust dunkel gestrichelt, weißer Bauch, weißer Überaugenstreif, Männchen mit aufstellbarer Haube, Körper bis 18 cm lang
Vorkommen ■ Wiesen, Felder, offene Landschaften; Standvogel, Kurzstreckenzieher
Nahrung ■ Insekten, Würmer, Sämereien
Fortpflanzung ■ Von April bis Juli erbrütet das Weibchen in Bodennestern 4–5 Junge in 14 Tagen, die nach 18 Tagen flügge sind.
Lebensdauer ■ bis zu 10 Jahre

Zaunkönig

Troglodytes troglodytes

Beschreibung

Merkmale ■ Familie der Zaunkönige *(Troglodytidae)*, Oberseite rotbraun, Unterseite schwarzbraun, seitlich quer gebändert, Körper bis 11 cm lang, Flügel bis 53 mm

Vorkommen ■ Büsche, Hecken, Wälder, Gärten und Parks; Standvogel oder Teilzieher

Nahrung ■ Spinnen, Insekten, Kaulquappen, Samen

Fortpflanzung ■ Von April bis Juli erbrütet das Weibchen in Bodennähe 5–7 Junge in ca. 14–17 Tagen, die nach 18 Tagen flügge sind.

Lebensdauer ■ bis zu 4 Jahre

Der Zaunkönig ist einer der kleinsten heimischen Vögel. Da er auch im Winter lebhaft singt, heißt er mancherorts auch *Schneekönig*. In Fabeln wird er als schlau und listig dargestellt. Er ist klein und rund und an seinem hochgestellten Schwanz gut zu erkennen. Tagsüber geht er auf Jagd, nachts ruht er im dichten Geäst. Das Männchen singt laut mit ca. 130 verschiedenen Trillern und Lauten, gerne von einer Singwarte aus, zur Brutzeit schon ab vier Uhr morgens. Dann singen auch Männchen und Weibchen im Duett.

Singdrossel

Turdus philomelos

Diese kleinste heimische Drossel gehört zu den häufigsten Vögeln, die im Wald anzutreffen sind. Sie bevorzugt eigentlich Nadelbäume mit viel Schatten und Feuchtigkeit, hat nun aber auch die Parks, Gärten und Friedhöfe für sich entdeckt. Hier singt sie bisweilen lange und ausgiebig, flötet, zwitschert oder schnarrt. Ihre Nahrung jagt sie am Boden und sucht nach Kleingetier. Schneckengehäuse zerschmettert sie geschickt auf einem Stein. Ab August zieht es sie in südlichere Gebiete, aus denen sie im zeitigen Frühjahr zurückkehrt.

Beschreibung

Merkmale ■ Familie der Drosseln *(Turdidae)*, Oberseite und Kopf hellbraun, Unterseite hell mit dunklen Flecken, Augen dunkel mit hellem Ring, Körper bis 22 cm lang, Flügel 80 mm

Vorkommen ■ Wälder, Gärten und Parks; Zugvogel nach Südeuropa

Nahrung ■ Spinnen, Insekten, Würmer, Samen

Fortpflanzung ■ Von April bis Juli werden 4–6 Junge in ca. 14 Tagen erbrütet, die nach 16 Tagen flügge sind.

Lebensdauer ■ bis zu 18 Jahre

Amsel

Turdus merula

Beschreibung

Merkmale ■ Familie der Drosseln *(Turdidae)*, Gefieder bei Männchen schwarz, Schnabel gelb, beim Weibchen Schnabel und Gefieder braun, Körper bis 27 cm lang, Flügel etwa 13 cm

Vorkommen ■ alle Landschaften; Standvogel oder Teilzieher nach Südwesteuropa und Nordafrika

Nahrung ■ Regenwürmer, Käfer, Beeren, Früchte

Fortpflanzung ■ Von März bis August werden in einem Nest in Büschen und Bäumen 4–7 Junge in ca. 14 Tagen erbrütet, die nach 14 Tagen flügge sind.

Lebensdauer ■ bis zu 16 Jahre

Die Amsel, eine der bekanntesten heimischen Vogelarten, wird auch *Schwarzdrossel* genannt, weil sie ein schwarzes Federkleid trägt. Männchen sind an ihrem leuchtend gelben bis orangefarbenen Schnabel zu erkennen. Bekannt ist auch ihr kreativer und melodiöser Gesang, der während der Brutsaison vor allem in der Morgendämmerung ununterbrochen zu hören ist. Sie lebt und brütet als Waldamsel in feuchten, dunklen Wäldern mit reichlich Unterholz, als Stadtamsel in Vorgärten, Parks und Strauchgruppen. Als Allesfresser jagt sie Würmer, Käfer und Schnecken und frisst Beeren und Früchte.

Nachtigall

Luscinia megarhynchos

Die Nachtigall, deren Name „Nachtsänger“ bedeutet, ist durch ihren Gesang berühmt, den nur die Männchen von sich geben. Im Frühjahr singen sie nachts und möchten damit Weibchen anlocken. Haben sie eines gefunden, dann singen sie tagsüber. Das Nest baut das Weibchen in Bodennähe, polstert es mit Moos aus und brütet allein. Sind die Jungen geschlüpft, füttern sie beide Eltern. Am Ende des Sommers zieht die Nachtigall nach Afrika und überwintert dort. In den Mythen und Märchen gilt sie als Liebesbotin und Seelentrösterin.

Beschreibung

Merkmale ■ Familie der Fliegenschnäpper *(Muscicapidae)*, Oberseite hellbraun, Unterseite gelbbräunlich, Schwanz rotbraun, Körper bis 16 cm lang, Flügel ca. 26 cm

Vorkommen ■ dichtes Gebüsch und Unterholz von Laubwäldern, Parks und Gärten; Zugvogel nach Nordafrika

Nahrung ■ Insekten, Larven, Würmer, Beeren

Fortpflanzung ■ Von April bis Juni werden in einem Nest am Boden 4–6 Junge in ca. 14 Tagen erbrütet, die nach 12 Tagen flügge sind.

Lebensdauer ■ bis zu 10 Jahre

Rotkehlchen *Erithacus rubecula*

Beschreibung

Merkmale ■ Familie der Fliegenschnäpper *(Muscicapidae)*, rundliche Gestalt, orangerote Kehle, Gesicht und Brust. Oberseite graubraun, Unterseite hell, Beine lang, Körper bis 14 cm lang, Flügelspannweite 22 cm
Vorkommen ■ unterholzreiche Wälder, Gärten, Parks; Teilzieher
Nahrung ■ Insekten, Spinnen, Würmer, Schnecken, Beeren
Fortpflanzung ■ Von April bis Juli werden 5–7 Junge in ca. 15 Tagen erbrütet, die nach 12–15 Tagen flügge sind.
Lebensdauer ■ 3–4 Jahre

Das Rotkehlchen erhielt seinen Namen aufgrund der intensiv ziegelroten Färbung an Kehle und Gesicht. Es singt eifrig von Sonnenaufgang bis zur Dämmerung und verfügt dabei über ein großes Repertoire. Bei Gefahr stößt es von einer Singwarte aus kurze Alarmrufe aus. Sucht es nach Nahrung, hüpft es in kleinen Sprüngen am Boden vorwärts und pickt nach Insekten, Spinnen und Würmern. Im Herbst und Winter frisst es auch Samen vom Futterhäuschen. Das Rotkehlchen wäscht sich gerne im Tau und sonnt sich am Boden oder auf Ästen.

Kohlmeise *Parus major*

Diese größte heimische Meisenart, die Kohlmeise, kommt in fast allen Lebensräumen vor. An ihrem gelben Bauch und dem schwarzen Oberkopf, nach dem sie benannt wurde, ist sie gut zu erkennen. Auf der Suche nach Insekten und Samen bewegt sie sich geschickt zwischen den Ästen. Ihre Nester baut die Kohlmeise in Baumhöhlen oder Nistkästen. Sie überwintert in unseren Breiten und schließt sich mit anderen Artgenossen zu kleinen Trupps zusammen. Ihr typischer Ruf aus zwei bis vier Silben, der Reviergesang der Männchen, ist ab dem Spätwinter zu hören.

Beschreibung

Merkmale ■ Familie der Meisen *(Paridae)*, Kopf glänzend schwarz, Wangen weiß, Rücken dunkel, Unterseite gelb mit schwarzem Mittelstreifen, Flügel und Schwanz schwarz, Körper bis 15 cm lang, Flügel bis 8 cm
Vorkommen ■ Wälder, Parks, Gärten; Standvogel
Nahrung ■ Insekten, Larven, Samen
Fortpflanzung ■ Von März bis Juni werden in Höhlen 6–12 Junge in 14 Tagen erbrütet, die nach etwa 20 Tagen flügge sind.
Lebensdauer ■ bis zu 15 Jahre (selten)

Blaumeise

Parus caeruleus

Beschreibung

Merkmale ■ Familie der Meisen *(Paridae)*, Scheitel, Schwanz und Flügel hellblau, Wangen weiß, Rücken grünlich, Unterseite gelb, Körper bis 12 cm lang, Flügellänge bis 7 cm
Vorkommen ■ Wälder mit Eichen, Parks, Gärten; Standvogel
Nahrung ■ Insekten, Spinnen, Samen
Fortpflanzung ■ Von März bis Juni erbrütet das Weibchen 7–13 Junge in 12–15 Tagen, die nach ca. 20 Tagen flügge sind.
Lebensdauer ■ bis zu 12 Jahre

Die Blaumeise ist kleiner als die Kohlmeise. Kopf, Schwanz und Flügel sind hellblau, worauf ihr Name zurückzuführen ist. Obwohl sie Wälder mit vielen Eichen bevorzugt, lebt sie heute auch in Gärten und Parks, am liebsten im Flachland. Sie zetert lauter als die Kohlmeise und turnt auch gerne kopfunter an den Ästen auf der Suche nach Insekten und Spinnen. Dabei setzt sie ihre Füße als Werkzeuge ein. Im Winter schließt sie sich mit anderen Meisen in Trupps zusammen und ist oft an Futterstellen zu beobachten.

Haussperling

Passer domesticus

Der Haussperling, auch *Spatz* oder *Hausspatz* genannt, ist einer der bekanntesten Vögel und überall anzutreffen, wo Menschen leben. Der gesellige Singvogel bewegt sich fast ganzjährig in kleinen Schwärmen und Gruppen, frisst Spinnen, Insekten, Getreidesamen, ernährt sich aber auch von Haushaltsmüll. Dabei hüpft er auf beiden Beinen vorwärts. Bekannt ist sein „schilp-schilp", das er ausdauernd mit Beginn der Morgenstunden ruft. Er fliegt schnell und geradlinig, bis zu 60 Kilometer pro Stunde.

Beschreibung

Merkmale ■ Familie der Sperlinge *(Passeridae)*, Oberseite graubraun, Unterseite grau, Männchen dunkelgraue Kopfplatte, Weibchen graubraun, konischer Schnabel, Körper bis 16 cm lang, Flügel bis 8,2 cm
Vorkommen ■ menschliche Siedlungen; Standvogel
Nahrung ■ Insekten, Spinnen, Samen
Fortpflanzung ■ Von März bis Juni brüten beide Eltern 4–6 Junge in 13 Tagen aus, die nach ca. 16 Tagen flügge sind.
Lebensdauer ■ bis zu 19 Jahre

Star *Sturnus vulgaris*

Beschreibung

Merkmale ■ Familie der Stare *(Sturnidae)*, Schlichtkleid schwärzlich mit metallisch grünem oder rötlichem Glanz und hellen Federspitzen, Prachtkleid dunkel metallisch schimmernd, Körper bis 22 cm lang
Vorkommen ■ Laubwälder, Parks, Gärten, Felder, Wiesen; Teilzieher
Nahrung ■ Insekten, Larven, Beeren, Früchte
Fortpflanzung ■ Von April bis Juli werden 4–6 Junge in 13–15 Tagen erbrütet, die nach ca. 21 Tagen flügge sind.
Lebensdauer ■ bis zu 5 Jahre

Das Federkleid des Vogels schimmert im Frühjahr zur Brutzeit dunkel metallisch, weshalb der Star dann auch „Glanzstar“ genannt wird, im Herbst dagegen durch die hellen Federspitzen „Perlstar“. Von einer erhöhten Stelle aus singt er das ganze Jahr über und kann hervorragend andere Laute und Vögel imitieren. Der männliche Star lebt oft monogam in einer Brutehe, manchmal aber auch gleichzeitig oder nacheinander mit mehreren Weibchen. Dann verhält er sich auch territorial. Die restliche Zeit des Jahres ist er in Schwärmen unterwegs.

Elster

Pica pica

Die Elster, ein Rabenvogel, ist gut an ihrem schwarz-weißen Gefieder und den langen schwarzen Schwanzfedern zu erkennen. Typisch ist auch ihr Warnruf, der wie ein krächzendes Schäckern klingt. Sie lebt weltweit im Kulturland in Wiesen, Hecken, Büschen oder in Baumgruppen, sucht nach kleinem Getier, das sie durch Schnabelhiebe tötet oder gegen etwas Hartes schleudert. Auch legt sie sich Nahrungsdepots an. Während der Brutzeit lebt sie monogam als Paar, im Winter gesellig in Scharen. Bekannt ist ihre Vorliebe für Glänzendes, weshalb sie im Volksmund auch „diebische Elster" heißt.

Beschreibung

Merkmale ■ Familie der Rabenvögel *(Corvidae)*, Gefieder schwarz glänzend, Bauch, Flanken, Schultern und Handschwingen weiß, Körper bis 51 cm lang, Flügelspannweite bis 90 cm
Vorkommen ■ Kulturland, Parks, Gärten, Felder, Wiesen; Standvogel
Nahrung ■ Insekten, kleine Wirbeltiere, Beeren, Früchte
Fortpflanzung ■ Von April bis Juni werden in hohen Bäumen 5–8 Junge in 18 Tagen erbrütet, die nach ca. 28 Tagen flügge sind.
Lebensdauer ■ bis zu 21 Jahre

Dohle

Corvus monedula

Beschreibung

Merkmale ■ Familie der Rabenvögel *(Corvidae)*, Hinterkopf, hinterer Scheitel und Nacken schiefergrau, Unterseite dunkelgrau, restliches Gefieder schwarz, Körper bis 39 cm lang
Vorkommen ■ Siedlungen, Ruinen, Steinbrüche, Gehölze; Standvogel
Nahrung ■ Samen, Insekten, Schnecken, Wirbeltiere, Aas
Fortpflanzung ■ Von April bis Juni werden 3–6 Junge in 18 Tagen erbrütet, die nach 28–32 Tagen flügge sind.
Lebensdauer ■ bis zu 19 Jahre

Die Dohle lebt gerne in größeren Gruppen und in einer lebenslangen monogamen Partnerschaft. Ihr Nest baut sie in Höhlen und Nischen, auch gerne in einer Kolonie. Die Dohle verfügt über ein großes Repertoire an Rufen und Lauten. Ihre Nahrung sucht sie auf Freiflächen mit großen alten Bäumen. Im Winter zieht sie in großen Schwärmen umher, um sich gegen Angriffe von Raubvögeln zu schützen. Da die Dohle in der Vergangenheit selten von Menschen verfolgt wurde, tritt sie ihnen gegenüber recht furchtlos auf. Sie gilt als intelligent und wurde früher als Haustier gehalten, was heute verboten ist.

Saatkrähe

Corvus frugilegus

Diese große Krähe trägt einen markanten spitzen Schnabel, ihr Gefieder glänzt blauschwarz. Je älter der Vogel ist, desto heller wird die Schnabelbasis. Die Saatkrähe lebt gesellig, oft auch mit Dohlen zusammen und nahe menschlicher Siedlungen. Ihr lauter Ruf „krah“ klingt weit. Ihre Nahrung sucht sie am Boden und gräbt sie auch aus, wie etwa frisch gekeimte, flache Saaten im landwirtschaftlichen Anbau. Sie erkundet – wie alle Rabenvögel – gerne ihre Umwelt. In Städten bilden sich zum Überwintern oft riesige Populationen von Tieren.

Beschreibung

Merkmale ■ Familie der Rabenvögel *(Corvidae)*, Gefieder schwarz, Schnabel heller, Körper bis 46 cm lang
Vorkommen ■ Gehölze, Acker- und Wiesenland mit Baumreihen; Standvogel
Nahrung ■ Regenwürmer, Käfer, Nacktschnecken, Aas, Sämereien, Beeren
Fortpflanzung ■ Von März bis Juni werden 3–6 Junge in 20 Tagen erbrütet, die nach ca. 35 Tagen flügge sind.
Lebensdauer ■ bis zu 22 Jahre

Kolkrabe

Corvus corax

Beschreibung

Merkmale ■ Familie der Rabenvögel *(Corvidae)*, Gefieder und mächtiger Schnabel blauschwarz, Körper bis 67 cm lang
Vorkommen ■ Hochgebirge, Wälder, offene Landschaften; Standvogel
Nahrung ■ kleine Wirbeltiere, Vogeleier, Insekten, Aas, Früchte
Fortpflanzung ■ Von Februar bis Juni werden 4–6 Junge in 21 Tagen erbrütet, die nach ca. 5–6 Wochen flügge sind.
Lebensdauer ■ bis zu 20 Jahre

Über lange Zeit wurde der Kolkrabe, der größte europäische Rabenvogel, verfolgt und galt in weiten Teilen Europas bereits als ausgestorben. Langsam erholt sich die Art wieder. Sein lautes, scharfes „kraa“ kann er variieren, je nachdem, wer ihm gegenübersteht. Auch spielt er gerne mit Artgenossen, kullert im Schnee oder lässt sich kopfunter hängen. Kolkraben gelten als lernfähig und intelligent. Der Mythos der Rabeneltern als schlechte Eltern entstand, weil die Rabenjungen lange sehr unbeholfen wirken.

Waldspitzmaus

Sorex araneus

Die Waldspitzmaus lebt vorzugsweise in feucht-kühlen Lebensräumen mit dichter Vegetation, wo sie stabile Gänge anlegen kann. Ihre Augen sind klein und schwach, die Ohren im Fell verborgen. Mit ihrem spitzen Rüssel wittert sie die Umgebung. Sie lebt in der Regel solitär, bei engen Territorien auch in kleinen Gruppen oder nahen Revieren, wobei es zu heftigen Revierkämpfen kommen kann. Zur Kommunikation nutzt sie vielfältige Laute. Im Winter kann die Waldspitzmaus ihre Größe und ihr Gewicht reduzieren, auch das der inneren Organe.

Beschreibung

Merkmale ■ Familie der Spitzmäuse *(Soricidae)*, dreifarbiges Fell mit dunklem Rücken und hellem Bauch, Körper 65–85 mm lang, Schwanz 32–47 mm, Gewicht 6–15 g

Vorkommen ■ Wälder, Wiesen, Moore und Gärten

Nahrung ■ Regenwürmer, Insekten, Larven, Schnecken

Fortpflanzung ■ 3–4 Würfe jährlich mit 4–10 Jungen, die nach 30 Tagen selbstständig sind.

Lebensdauer ■ 1–2 Jahre

Feldspitzmaus

Crocidura leucodon

Beschreibung

Merkmale ■ Familie der Spitzmäuse *(Soricidae)*, Oberseite schiefergraues Fell, Unterseite weiß, Körper 55–82 mm lang, Schwanz 28–40 mm, Gewicht 7–15 g
Vorkommen ■ Felder, Wegränder, Gärten und in Gebäuden (im Winter)
Nahrung ■ Würmer, Insekten, Larven, Schnecken
Fortpflanzung ■ 3–4 Würfe jährlich mit 3–9 Jungen, die nach 40 Tagen selbstständig sind.
Lebensdauer ■ bis zu 3 Jahre

Das Tier fühlt sich auf intensiv genutzten Grünflächen wohl und ist eng an die menschlichen Niederlassungen gebunden. Vor allem im Winter sucht die Maus Gebäude aller Art auf. Ansonsten bevorzugt sie niedrige Vegetation. Typisch sind ihre großen, nackten Ohrmuscheln. Müssen Mutter und Jungtiere ein Nest vorzeitig verlassen, verbeißen sich die Tiere in Rückenfell oder Schwanz des Vorgängers und bilden eine von der Mutter geführte Kette. Die Feldspitzmaus steht auf der Roten Liste und gilt als gefährdet.

Maulwurf

Talpa europaea

Der Europäische Maulwurf trägt ein weiches Fell aus Wollhaaren, das weißgrau, bräunlich oder schwarz ist. Sein spitzer Kopf sitzt auf einem kurzen Hals. Die vorderen Gliedmaßen enden in schaufelförmigen Grabhänden, deren Innenflächen nach außen gedreht sind und sich hervorragend zum Graben eignen. Bis zu sieben Meter pro Stunde kann der Maulwurf seine Gänge graben und die Erde in kleinen Hügeln auf die Oberfläche werfen. Der Maulwurf ist tagaktiv und wie die meisten Insektenfresser ein Einzelgänger. Er muss ständig fressen und überlebt höchstens 24 Stunden ohne Nahrung.

Beschreibung

Merkmale ■ Familie der Maulwürfe *(Talpidae)*, Fell weißgrau bis schwarz, spitzer Kopf, große Grabhände, Körper 10–17 cm lang, Schwanz 2–4,5 cm, Gewicht 60–120 g
Vorkommen ■ Felder, Wiesen, Gärten und Laubwälder
Nahrung ■ Regenwürmer, Insekten, Larven, Schnecken, Tausendfüßer
Fortpflanzung ■ 1–2 Würfe jährlich mit 2–6 Jungen.
Lebensdauer ■ 3–6 Jahre

Igel

Erinaceus europaeus

Beschreibung

Merkmale ■ Familie der Igel *(Erinaceidae)*, Oberseite mit Stacheln besetzt, Unterseite und Gesicht graubraunes Fell, Kopf spitz, Körper 22–30 cm lang, Schwanz 2 cm, Gewicht 450–1500 g
Vorkommen ■ Felder, Wälder, Gärten und Parks
Nahrung ■ Schnecken, Würmer und Insekten, auch Kleinsäuger und Obst
Fortpflanzung ■ 1–2 Würfe jährlich mit 2–10 blinden Jungen.
Lebensdauer ■ 3–7 Jahre

Der Westeuropäische Igel oder *Braunbrustigel* trägt auf der Kopfoberseite und auf dem Rücken je nach Alter zwischen 3000 und 7500 Stacheln. Sie sind bis zu drei Zentimeter lang und an der Wurzel und der Spitze cremeweiß, im oberen Drittel aber dunkelbraun gefärbt. Fühlt sich der Igel bedroht, rollt er sich zu einer Kugel zusammen. Er ist dämmerungs- und nachtaktiv, den Tag verschläft er in einem seiner geschützten kugelförmigen Nester. Dort oder in Laub- und Reisighaufen hält er auch von Oktober bis April seinen Winterschlaf.

Waldmaus

Apodemus sylvaticus

Die Waldmaus gehört zu den häufigsten Säugetierarten Europas und lebt in offenen Lebensräumen und weniger im Wald. Sie trägt ein gelbbraunes Fell auf der Oberseite, das bei älteren Tieren rötlich schimmert. Das nachtaktive Nagetier legt Erdbauten mit zwei Eingängen und einer Vorratskammer an. Dort sammelt es Samen und Früchte und trägt dadurch zur Verbreitung von Samen bei. Die Tiere können sich am Erdmagnetfeld orientieren und kommunizieren im Ultraschallbereich, den Menschen nicht hören können. Ihre Fressfeinde sind Greifvögel, Eulen, Fuchs, Katze und Wildschwein.

Beschreibung

Merkmale ■ Familie der Langschwanzmäuse *(Muridae)*, gelbbraunes kurzes Fell, Körper 8–11 cm lang, Schwanz 7–11 cm, Gewicht 13–44 g
Vorkommen ■ Offene Lebensräume, Brachen und Parks
Nahrung ■ Samen, Früchte, Beeren und Insekten
Fortpflanzung ■ 3–4 Würfe jährlich mit je 3–9 Jungen, die nach ca. 3 Wochen selbstständig sind.
Lebensdauer ■ ca. 1 Jahr

Hausmaus

Mus musculus

Beschreibung

Merkmale ■ Familie der Langschwanzmäuse *(Muridae)*, braunes Fell auf der Oberseite, Unterseite hell, Körper 7–11 cm lang, Schwanz 6–9 cm, Gewicht 10–28 g
Vorkommen ■ Häuser, Scheunen, Ställe, aber auch Felder und Gärten
Nahrung ■ Samen und Getreideprodukte, Vorräte aller Art
Fortpflanzung ■ Mehrere Jahreswürfe mit 4–8 Jungen, die nach 30 Tagen selbstständig sind.
Lebensdauer ■ 1–2 Jahre

In Mitteleuropa leben vor allem die Westliche und die Nördliche Hausmaus, die sich in ihren Färbungen und auch den Lebensbereichen unterscheiden, denn die Nördliche Hausmaus lebt auch auf Feldern und Fluren. Sie trägt ein maus- bis braungraues Fell mit weißer Unterseite. Ihre Nagezähne sind auf der Rückseite geriffelt. Sie ist ein dämmerungs- und nachtaktives Nagetier und paart sich ganzjährig, wenn sie in Gebäuden lebt. Ihre Nester baut sie in Spalten und Nischen. Typisch ist ihr „Mausgeruch“. Die aus der Hausmaus gezüchteten Farbmäuse werden für Tierversuche genutzt.

Feldmaus

Microtus arvalis

Die Feldmaus ist eine Wühlmaus und etwas größer als die Hausmaus. Sie hat fein ausgeprägte Sinne, kann Ultraschallgeräusche wahrnehmen und zur Kommunikation nutzen. Mit den Vorderfüßen gräbt sie Tunnelsysteme im Boden und frisst dabei die vorhandene Vegetation einfach weg. Bei Frost nutzt die Feldmaus die Tunnelsysteme des Maulwurfs mit. Sie lebt gesellig und sozial, nutzt gemeinsame Laufwege und auch Nester zur Fortpflanzung (mehrmals jährlich). Innerhalb kurzer Zeit kann sie große Populationen aufbauen.

Beschreibung

Merkmale ■ Familie der Wühler *(Cricetidae)*, Oberseite gelblichbraunes Fell, Unterseite weißlich, Körper 9–12 cm lang, Schwanz 3–4 cm, Gewicht 18–48 g

Vorkommen ■ Felder, Wiesen und Brachflächen

Nahrung ■ Gräser, Kräuter, Feldfrüchte und Samen

Fortpflanzung ■ 2–3 Würfe mit 3–8 Jungen, die nach 3 Wochen selbstständig sind.

Lebensdauer ■ bis zu 9 Monate

Schermaus, Wühlmaus *Arvicola terrestris*

Beschreibung

Merkmale ■ Familie der Wühler *(Cricetidae)*, Fell dunkel, Ohren klein, Schwanz kurz, Körper 13–16 cm lang, Schwanz 5–9 cm, Gewicht 65–130 g
Vorkommen ■ Wiesen, Felder und Gärten, in Wassernähe
Nahrung ■ Kräuter, Gräser, Wurzeln, Feldfrüchte
Fortpflanzung ■ 3–4 Würfe jährlich mit 2–9 Jungen, die nach 2–3 Wochen selbstständig sind.
Lebensdauer ■ 1–2 Jahre

Es gibt drei Arten dieser heimischen Wühlmaus: die *Ostschermaus*, die *Westschermaus* und die *Gebirgsschermaus*. In Mitteleuropa ist vor allem die Ostschermaus verbreitet. Sie ist größer als die Feldmaus und trägt ein dunkles Fell. Ihre Ohren sind klein, der Schwanz ist recht kurz. Als gute Schwimmerin bevorzugt sie Wassernähe. Sie gräbt flach unter der Erde verlaufende Gangsysteme und ernährt sich von Wurzeln, Zwiebeln und Knollen – sehr zum Ärger aller Gärtner. Wühlmäuse bewohnen als aquatisch oder terrestrisch lebende Tiere entweder Uferböschungen am Wasser oder Felder und Gärten.

Feldhamster

Cricetus cricetus

Der Feldhamster, ein geschütztes Nagetier, ist etwa eichhörnchengroß, das Fell auf der Oberseite gelbbraun, auf der Unterseite dunkel. Typisch sind die weißgelben Flecken an Wangen und Seiten. An den Füßen sitzen Krallen. Der dämmerungs- und nachtaktive Nager lebt als Einzelgänger, ernährt sich von Hülsenfrüchten, Klee, Kartoffeln, Rüben und Mais, legt sich Vorräte an, die er in weiten Backentaschen transportiert. Jedes Tier gräbt einen eigenen Bau mit Gängen und Kammern. Der Winterschlaf reicht von Oktober bis März, wird aber häufig unterbrochen.

Beschreibung

Merkmale ■ Familie der Wühler *(Cricetidae)*, Oberseite Fell gelbbraun, Unterseite dunkel, helle Flecken an den Wangen, Länge 20–34 cm, langer Schwanz, Gewicht 400–650 g

Vorkommen ■ Felder

Nahrung ■ Hülsenfrüchte, Klee, Kartoffeln, Rüben, Mais

Fortpflanzung ■ Tragzeit 17–20 Tage, 2–3 Würfe pro Jahr mit mehreren Jungen, die nach 25 Tagen selbstständig sind.

Lebensdauer ■ bis zu 4 Jahre

Haselmaus

Muscardinus avellanarius

Beschreibung

Merkmale ■ Familie der Bilche *(Gliridae)*, bräunlich bis rötliches Fell auf der Oberseite, Unterseite hell, Körper 7 cm, Schwanz 7 cm, Gewicht 15–40 g

Vorkommen ■ alle Waldtypen mit Sträuchern

Nahrung ■ Knospen, Samen, Beeren, Insekten, wirbellose Tiere, Vogeleier

Fortpflanzung ■ 1–2 Würfe pro Jahr mit mehreren Jungen, die nach 5–6 Wochen selbstständig sind.

Lebensdauer ■ bis zu 4 Jahre

Das mausähnliche, nacktaktive Nagetier hat einen langen behaarten Schwanz, der ihm das Balancieren erleichtert. Es trägt ein bräunliches Fell, Brust und Kehle sind weiß. Die Haselmaus lebt in Mischwäldern und gerne in Haselsträuchern, was ihr zu ihrem Namen verhalf. Sie baut im Sommer Kugelnester aus Zweigen, Gras und Blättern. Im Winter gräbt sie sich im lockeren Boden ein oder nutzt frostsichere Baumhöhlen für den Winterschlaf. Sie steht als gefährdete Tierart auf der Roten Liste.

Siebenschläfer

Glis glis

Dieses nachtaktive Nagetier schläft tatsächlich sieben Monate des Jahres. In der Gestalt ähnelt es einer Maus, trägt ein graues Fell mit weißem Bauch, große schwarze Augen und einen buschigen Schwanz sowie lange Tasthaare an der Schnauze. Durch die feuchten Fußsohlen und den kräftigen Schwanz kann der Siebenschläfer hervorragend klettern. Im Familienverband geht er auf Nahrungssuche. Während des Winterschlafs setzt die Atmung manchmal minutenlang aus. Die Körpertemperatur beträgt dann nur 3 °C. Er gilt als gefährdete Tierart der Kategorie 3 der Roten Liste.

Beschreibung

Merkmale ■ Familie der Bilche *(Gliridae)*, graues Fell, Bauch weiß, Körper 13–18 cm, Schwanz 11–15 cm, Gewicht 70–120 g
Vorkommen ■ naturnahe Laubwälder, Parks, Obstwiesen, Gärten
Nahrung ■ Bucheckern, Eicheln, Haselnüsse, Früchte, Pilze, Insekten, Vogeleier
Fortpflanzung ■ 1 Wurf zwischen Juli und September mit 4–6 Jungen, die nach 4–5 Wochen selbstständig sind.
Lebensdauer ■ bis zu 9 Jahre

Eichhörnchen *Sciurus vulgaris*

Beschreibung

Merkmale ■ Familie der Eichhörnchen *(Sciuridae)*, rotbraunes Fell, buschiger Schwanz, Körper 25–30 cm lang, Schwanz fast 20 cm, Gewicht 300–500 g
Vorkommen ■ Wälder und Parks, Gärten
Nahrung ■ Samen, Nüsse, Beeren, Knospen
Fortpflanzung ■ 1–2 Würfe jährlich mit 2–5 blinden Jungen, die nach 2 Monaten selbständig sind.
Lebensdauer ■ ca. 3 Jahre

Das Europäische Eichhörnchen ist an seinem rotbraunem Fell und dem buschigen Schwanz zu erkennen. Es kann mit den gebogenen Krallen an den Vorderpfoten hervorragend klettern, auch kopfunter an Bäumen, der buschige Schwanz hilft beim Balancieren. Zum Fressen stellt es sich aufrecht in „Männchenstellung". Seine Nagezähne wachsen zeitlebens nach. Seinen Kobel (Nest) aus Gras, Blättern und Moos baut das Eichhörnchen im Baum. Im Winter hält es Winterruhe, während der es Nahrung aufnehmen muss. Daher legt es bereits im Herbst Vorratslager aus vergrabenen Nüssen und Samen an.

Grauhörnchen

Sciurus carolinensis

Das Grauhörnchen stammt aus Nordamerika, ist heute in Europa in Parks, Wäldern und Gärten anzutreffen und verdrängt vielerorts das Europäische Eichhörnchen. Es überträgt einen Pockenvirus, gegen den es immun ist, der jedoch für das Europäische Eichhörnchen gefährlich ist und zu seiner Ausrottung beiträgt. Das Grauhörnchen ist etwas größer als das Eichhörnchen. Es lebt auf Bäumen und baut seinen Kobel (Nest) in Zweigen oder hohlen Baumstämmen.

Beschreibung

Merkmale ■ Familie der Eichhörnchen *(Sciuridae)*, graues Fell, Unterseite hell, buschiger Schwanz, Körper ca. 30 cm lang, Schwanz fast 20 cm, Gewicht 470–710 g

Vorkommen ■ Wälder und Parks, Gärten

Nahrung ■ Samen, Nüsse, Knospen, Insekten, Frösche

Fortpflanzung ■ 2–3 Würfe jährlich mit 2–7 Jungen, die nach 3 Monaten selbstständig sind.

Lebensdauer ■ bis zu 12 Jahre

Murmeltier

Marmota marmota

Beschreibung

Merkmale ■ Familie der Hörnchen *(Sciuridae)*, Fell grau- bis schwarzbraun mit rötlichem Schimmer, Körper 30–60 cm lang, Schwanz 10–15 cm, Gewicht 3–7 kg
Vorkommen ■ Gebirge (zwischen 800 und 2700 m Höhe), Geröllhalden, Bergwiesen und sonnige Hänge
Nahrung ■ Gräser, Kräuter, Wurzeln
Fortpflanzung ■ 1 Wurf jährlich mit 2–6 blinden Jungen, die nach 2 Monaten selbstständig sind.
Lebensdauer ■ ca. 15 Jahre

Das gedrungene Tier trägt ein grau- bis schwarzbraunes Fell mit einem rötlichen Schimmer an Schultern und Rücken. Der Kopf ist flach, die Ohren sind klein, der buschige Schwanz hat eine schwarze Haarspitze. Alpenmurmeltiere leben in Kolonien aus einem dominanten Paar und den Verwandten. Sie kommunizieren untereinander mit einem Schrei, den Menschen als Pfeifen wahrnehmen. Murmeltiere halten Winterschlaf, wofür sie sich 1 kg Körperfett anfressen. Die vier Nagezähne wachsen ein Leben lang nach. Da das Murmeltier nur wenige Schweißdrüsen besitzt, bevorzugt es Temperaturen unter 20 °C.

Bisamratte

Ondatra zibethicus

Der Bisam ist ein aus Nordamerika stammendes Nagetier, das erst 1905 bei Prag ausgesetzt wurde. Von dort aus breitete er sich in Europa aus. Das Tier gehört zu den Wühlmäusen, deren größter Vertreter es ist. Seinen Namen erhielt es nach dem Sekret, das die Männchen absondern und das nach Moschus (Bisam) riecht. Bisamratten halten sich überwiegend im Wasser auf und sind ausgezeichnete Schwimmer. Sie bauen einen Erdbau, die „Bisamburg", an Uferböschungen, Deichen und Dämmen.

Beschreibung

Merkmale ■ Familie der Wühler *(Cricetidae)*, braunes Fell, langer, fast nackter Schwanz, Körper 35 cm, Schwanz 22 cm, Gewicht 1–2 kg
Vorkommen ■ an Teichen, Seen und allen Fließgewässern
Nahrung ■ Schilf und Seerosen, Getreide, Gemüse, Frösche und Fische
Fortpflanzung ■ 2–4 Würfe pro Jahr mit je 4–9 Jungen, die nach 30 Tagen selbstständig sind.
Lebensdauer ■ bis zu 3 Jahre

Biber

Castor fiber

Beschreibung

Merkmale ■ Familie der Biberartigen *(Castoridae)*, dunkles dichtes Fell, nackter flacher Schwanz, Körper 80–100 cm lang, Schwanz 30–35 cm, Gewicht 17–35 kg
Vorkommen ■ vegetationsreiche Ufergebiete
Nahrung ■ Baumtriebe, Wasser- und Uferpflanzen
Fortpflanzung ■ 1 Wurf jährlich mit 1–5 Jungen, die mit 2 Jahren selbstständig sind.
Lebensdauer ■ ca. 8 Jahre

Der Biber ist das größte einheimische Nagetier. Seine orangeroten Nagezähne wachsen ständig nach. Beim Tauchen kann er Ohren und Nasenlöcher verschließen. Vor den Augen sitzt eine transparente Schutzschicht. Biber leben monogam und bleiben dem Partner ein Leben lang treu. Sie fällen bis zu einen Meter dicke Bäume, um Dämme zu bauen, die den Zulauf zur Biberburg regeln, deren Eingang unter Wasser liegt. Ihre Hinterfüße tragen Schwimmhäute. Der Schwanz, die „Kelle“, ist flach und unbehaart. Der Biber heißt im Volksmund auch *„Meister Bockert“*.

Feldhase *Lepus europaeus*

Der Feldhase besitzt lange Ohren und Hinterläufe und kann bei Gefahr bis zu 80 Kilometer pro Stunde zurücklegen. Um seinen natürlichen Feinden, den Wildschweinen, Füchsen sowie Greif- und Rabenvögeln, auszuweichen, schlägt er Haken. Mit seinen seitlich sitzenden Augen kann er fast rundum schauen. Auch kann der Feldhase drei Meter weit und zwei Meter hoch springen. Er bevorzugt warme, trockene Flächen und verbringt in einem Revier oft sein gesamtes Leben. Die intensive Landwirtschaft bedroht jedoch zunehmend seinen Lebensraum.

Beschreibung

Merkmale ■ Familie der Hasen *(Leporidae)*, Fell am Rücken gelbbraun, schwarz gesprenkelt, Brust und Gesicht gelblich braun, Ohren lang, Körper 42–68 cm lang, Ohren 10–15 cm, Gewicht 3–6 kg

Vorkommen ■ Äcker, Weiden und Wiesen

Nahrung ■ Blätter, Knospen, Gräser

Fortpflanzung ■ 3–4 Würfe jährlich mit 1–5 Jungen, die Nestflüchter sind, selbstständig nach 3–4 Wochen.

Lebensdauer ■ bis zu 5 Jahre

Wildkaninchen

Oryctolagus cuniculus

Beschreibung

Merkmale ■ Familie der Hasen *(Leporidae)*, Fell braun, Nacken rostrot, kurze Ohren, Körper 35–45 cm lang, Schwanz („Blume“) 4–7 cm, Ohren 6–8 cm lang, Gewicht 1–2 kg
Vorkommen ■ Felder, Parks, Gärten, Dünen
Nahrung ■ Kräuter, Wurzeln, Früchte, Blätter, Rinde, Pilze
Fortpflanzung ■ 4–6 Würfe jährlich mit bis zu 15 blinden Jungen (Nesthocker), nach 4–5 Wochen selbstständig
Lebensdauer ■ bis zu 9 Jahre

Das Wildkaninchen trägt ein braunes Fell mit rostrotem Nacken und ist kleiner als der Feldhase. Seine aufrecht stehenden Ohren sind kürzer als der Kopf. Das Tier rennt über kurze Strecken schnell, schlägt Haken und kann bis zu einem Meter hoch springen. Bei Gefahr klopft es mit den Hinterläufen. Es lebt in Erdbauten im Familienverbund von bis zu 25 Tieren, baut Nester aus Gras und Bauchwolle Das Wildkaninchen, das in vielen Großstädten als Plage gilt, ist die Stammform aller im deutschen Sprachraum bekannten Hauskaninchen.

Rotfuchs

Vulpes vulpes

Das anpassungsfähige Tier fühlt sich in vielen Lebensräumen wohl, vor allem aber in Wäldern und Kulturlandschaften. Es trägt ein rotbraunes Fell an der Oberseite, Bauch und Kehle sind weiß. Je nördlicher das Tier lebt, desto kleiner sind die Ohren. Er geht alleine auf Jagd, lebt aber im Familienverbund. Seinen Bau gräbt der Fuchs meist nicht selbst, sondern nutzt verlassene Bauten anderer Tiere. Er sieht und riecht außerordentlich gut und kann 50 Kilometer pro Stunde schnell laufen. In der deutschen Fabelwelt heißt der Fuchs *„Meister Reinecke"*.

Beschreibung

Merkmale ■ Familie der Hunde *(Canidae)*, Fell rotbraun, Bauch und Kehle weiß, buschiger Schwanz mit weißer Spitze, Körper mit Schwanz bis 120 cm lang, 40 cm Schulterhöhe, Gewicht 5–7 kg
Vorkommen ■ Wälder, Felder, Parks
Nahrung ■ Mäuse, Hasen, Gänse und andere Wirbeltiere, Früchte
Fortpflanzung ■ 1 Jahreswurf im März/April mit 3–5 Jungen, die nach 3–4 Monaten selbstständig sind
Lebensdauer ■ bis zu 12 Jahre

Baummarder

Martes martes

Beschreibung

Merkmale ■ Familie der Marder *(Mustelidae)*, Fell hell bis dunkel, Kehle goldgelb, Füße dunkel, Körper 45–58 cm, Schwanz 16–28 cm, Gewicht 1–2 kg
Vorkommen ■ Laub- und Mischwälder, selten Parks und Gärten
Nahrung ■ Mäuse, Eichhörnchen, Vögel, Früchte
Fortpflanzung ■ 1 Jahreswurf im April mit 3–5 Jungen, die nach 3 Monaten selbstständig sind.
Lebensdauer ■ bis zu 10 Jahre

Anders als sein Verwandter, der Steinmarder, folgt der Baummarder den Menschen nicht in Siedlungsgebiete. Er lebt in Laub- und Mischwäldern, trägt ein hell- bis dunkelbraunes Fell, die Füße sind dabei sehr dunkel. Er kann ausgezeichnet klettern und bis zu vier Meter weit springen. Tagsüber hält er sich in Baumhöhlen, Kobeln und Nestern auf und geht nachts auf Jagd in seinem Revier, das er mit einem Sekret aus seiner Abdominaldrüse markiert. Aufgrund seines dichten Felles wurde er stark bejagt.

Steinmarder *Martes foina*

Der Steinmarder gehört zu den „Echten Mardern“, ist kleiner als eine Katze und trägt ein dunkles Fell, wobei Brust und Hals weiß sind. Er lebt in der Nähe des Menschen, in Scheunen oder Dachböden, ebenso in Parkanlagen. Das nachtaktive Tier sucht sich natürliche Verstecke oder die verlassenen Bauten anderer Tiere für seinen Nestbau. Es bewegt sich vorwiegend am Boden fort, lebt einzelgängerisch mit starkem Reviersinn und kann in Hühnerställen verheerende Schäden anrichten. Der Steinmarder ist auch als nagender „Automarder“ bekannt.

Beschreibung

Merkmale ■ Familie der Marder *(Mustelidae)*, Fell graubraun, weiße Kehle, Körper 40–54 cm, Schwanz 22–30 cm, Gewicht 1–2 kg
Vorkommen ■ Siedlungen in Menschennähe, felsiges Gelände
Nahrung ■ Kleinsäuger, Frösche, Eier, Insekten, Beeren und Früchte
Fortpflanzung ■ 1 Jahreswurf im Frühling mit 3–4 Jungen, die nach 3 Monaten selbstständig sind
Lebensdauer ■ bis zu 10 Jahre

Iltis

Mustela putorius

Beschreibung

Merkmale ■ Familie der Marder *(Mustelidae)*, Fell dunkel, gelbes Unterfell, Unterseite schwarz, helle Ohrenspitzen, Augenzeichnung und Schnauze, Körper 20–46 cm, Schwanz 7–19 cm, Gewicht 1–2 kg

Vorkommen ■ In der Nähe von Siedlungen und Gewässern, auf Wiesen und Feldern

Nahrung ■ Frösche, Kröten, Vögel, Eier, Schlangen, Fische, Nagetiere

Fortpflanzung ■ 1 Jahreswurf mit 3–10 Jungen, die nach 3 Monaten selbstständig sind

Lebensdauer ■ bis zu 10 Jahre

Der Europäische Iltis gehört zu den Mardern und besitzt wie diese einen langgestreckten Körper und kurze Gliedmaßen. Er trägt ein dunkles Fell mit gelbem Unterfell. Typisch sind die weiße Zeichnung an der Schnauze und hinter den Augen sowie die hellen Ohrenspitzen. Weibchen sind deutlich kleiner als Männchen. Das nachtaktive Tier zieht sich tagsüber in verlassene Bauten zurück, jagt nachts an und in Gewässern, lebt einzelgängerisch und markiert sein Revier mit einem Sekret aus der Analdrüse. Die domestizierte Form des Iltis ist das *Frettchen*.

ɫermelin

Mustela erminea

)as Hermelin, auch *Großes Wiesel* geıannt, ist vor allem wegen seines wei-ɜen Fells mit schwarzer Schwanzspit-e bekannt, das es im Winter trägt. Im ·ommer ist das Fell des Tieres dagegen ıittelbraun mit weißer Unterseite und chwarzer Schwanzspitze. Das Tragen eiıes weißen Hermelinmantels galt früher ls Zeichen der Macht. Hermeline leben inzelgängerisch, außer zur Paarungseit, und suchen tagsüber Deckung in Unerschlüpfen. Ihre ausgedehnten Reviee kennzeichnen sie mit einem Sekret aus er Analdrüse. Hermeline haben viele ressfeinde und erreichen deshalb in freir Wildbahn selten ihr mögliches Alter.

Beschreibung

Merkmale ■ Familie der Marder *(Mustelidae)*, Fell im Sommer mittelbraun mit weißer Unterseite, im Winter weiß, schwarze Schwanzspitze, Körper 20–30 cm, Schwanz 10 cm, Gewicht 250–350 g
Vorkommen ■ Felder, in feuchten Niederungen
Nahrung ■ Kleinsäuger, Vögel, Reptilien und Insekten
Fortpflanzung ■ 1 Jahreswurf im Frühling mit 5–6 Jungen, die nach 4–5 Monaten selbstständig sind
Lebensdauer ■ 4–6 Jahre

Europäischer Dachs

Meles meles

Beschreibung

Merkmale ■ Familie der Marder *(Mustelidae)*, Rückenfell grau, schwarzer Aalstrich, Bauch und Beine schwarz, Gesichtsmaske, Körper 64–88 cm, Schwanz 11–18 cm, Gewicht 7–14 kg
Vorkommen ■ Wälder und Parklandschaften
Nahrung ■ Kleingetier, Vögel, Würmer, Schnecken, Feldfrüchte, Beeren
Fortpflanzung ■ 1 Jahreswurf ab Januar mit 1–5 Jungen, die nach 6 Monaten selbstständig sind
Lebensdauer ■ bis zu 15 Jahre

Das in ganz Europa beheimatete Tier ist etwa fuchsgroß mit grauem Fell, kurzen Beinen und kurzem Schwanz. Im Gesicht trägt es eine typische schwarz-weiße Maskenzeichnung. Der Dachs gräbt sich im Waldboden einen großen Bau, der Jahrzehnte nutzbar ist und von den Nachkommen erweitert wird. Sein Nest (Kessel) polstert er mit Laub, Moos und Farnkraut aus. Im Gegensatz zu den anderen Mardern frisst er nicht nur Kleingetier, sondern auch Pflanzenteile und Aas. Sein volkstümliche Name in Fabeln und Märchen lautet „Grimbart“.

Wildschwein

Sus scrofa

Wildschweine sind tag- und nachtaktiv und leben in Mutterfamilien („Rotten“) zusammen. Das Fell ist borstig und schwarzgrau. Männchen („Keiler“) tragen gebogene Eckzähne („Hauer“). Die Jungtiere sind längs gestreift. Wildschweine laufen im Kreuzgang und traben schnell, wenn sie aufgeschreckt werden. Sie sind ausgezeichnete Schwimmer. Das Suhlen in Schlammlachen ist typisch, dient der Wärmeregulation und dem Einkapseln von Parasiten. Der trockene Schlamm wird an Bäumen abgescheuert. Zum Ruhen nutzen sie spezielle Ruheplätze (Kessel). Das Wildschwein ist die Stammform des Hausschweins.

Beschreibung

Merkmale ■ Familie der Echten Schweine *(Suidae)*, Fell grau und borstig, Jungtiere gestreift, Körper 130–180 cm, Gewicht 150–200 kg
Vorkommen ■ Laub- und Mischwälder
Nahrung ■ Wurzeln, Knollen, Eicheln, Würmer, Aas
Fortpflanzung ■ 1 Jahreswurf mit 3–12 Jungen (Frischlinge), die 3 Monate gesäugt werden.
Lebensdauer ■ bis zu 7 Jahre

Reh

Capreolus capreolus

Beschreibung

Merkmale ■ Familie der Hirsche *(Cervidae)*, Fell rostbraun, mit weißer Zeichnung, Körper 93–140 cm, Gewicht 11–34 kg
Vorkommen ■ Wälder und Parks
Nahrung ■ Gräser, Triebe, Rinde, Pilze, Früchte
Fortpflanzung ■ 1 Jahreswurf im Frühjahr mit 1–2 Jungen (Kitze), die nach 3 Wochen ihre Augen öffnen.
Lebensdauer ■ 12–15 Jahre

Das Europäische Reh lebt im Wald oder in Parks in kleinen Gruppen. Bei Gefahr sucht es mit schnellen Sprüngen Deckung im Dickicht oder warnt mit einem kurzen bellenden Ruf. Im Sommer glänzt das Fell braunrot, im Winter ist es hell- bis dunkelgrau und am Unterbauch heller. Der sogenannte Spiegel (Fellzeichnung) um den After leuchtet gelblich weiß. Rehkitze sind rotbraun und haben weiße Punkte, die sich mit dem Alter verlieren. Das Männchen trägt ein kurzes Geweih mit bis zu drei Enden pro Stange, das weibliche Reh ist geweihlos.

Rothirsch *Cervus elaphus*

Der Rothirsch gehört zu den häufig bejagten großen Wildtieren. Er ist im Sommer rotbraun, im Winter graubraun gefärbt. Das Jugendkleid hat weiße Flecken. Der Spiegel ist grauweiß. Das Männchen, dessen Röhren während der Brunft zu hören ist, trägt ein bis zu 8 kg schweres Geweih, das einmal jährlich abgeworfen wird und nachwächst. Rothirsche leben in Rudeln zusammen. Fühlen sie sich bedroht, flüchten sie in schnellem und ausdauerndem Lauf. Sie besitzen zahlreiche Drüsen und hinterlassen Duftfährten. Muttertiere erkennen ihre Kälber an der Stimme.

Beschreibung

Merkmale ■ Familie der Hirsche *(Cervidae)*, Fell rotbraun und mit weißen Flecken in der Jugend, Männchen tragen Geweihe, Körper 120–210 cm, Gewicht 100–113 kg
Vorkommen ■ Wälder
Nahrung ■ Gräser, Triebe, Rinde, Pilze, Früchte
Fortpflanzung ■ 1 Jahreswurf im Mai/Juni mit 1 Jungen (Kalb), das nach 1 Jahr selbstständig ist.
Lebensdauer ■ bis zu 18 Jahre

Damhirsch

Dama dama

Beschreibung

Merkmale ■ Familie der Hirsche *(Cervidae)*, Fell rostbraun mit weißen Flecken, schwarzer Aalstrich, Körper 120–140 cm, Gewicht 53–90 kg
Vorkommen ■ Mischwälder und Gehege
Nahrung ■ Gräser, Triebe, Rinde, Pilze, Früchte
Fortpflanzung ■ 1 Jahreswurf im Mai bis Juli mit 1–2 Jungen (Kälber), die 8 Monate gesäugt werden
Lebensdauer ■ bis zu 20 Jahre

Charakteristisch für den männlichen Hirsch ist sein Schaufelgeweih, das er im Frühjahr abwirft. Während des Wachstums schützt eine Basthaut das Geweih, die später „abgefegt" wird. Typisch ist auch der gut sichtbare Kehlkopf. Im Sommer ist das Fell des Tieres hell rostbraun mit weißen Flecken und einem schwarzen Aalstrich auf dem Rücken. Bauchunterseite und Läufe sind hell. Im Winter ist das Fell dunkel bis aschgrau. Die Tiere verständigen sich durch ein Blöken bis Fiepen, während der Brunft durch Grunzen. Sie besitzen ausgesprochen gut ausgeprägte Sinne.

Register

Lateinische Namen